室内设计师.14
INTERIOR DESIGNER

编委会主任　崔恺
编委会副主任　胡永旭

学术顾问　周家斌

编委会委员
王明贤　王琼　王澍　叶铮　吕品晶　刘家琨　吴长福　余平　沈立东　沈雷　汤桦　张雷
孟建民　陈耀光　郑曙旸　姜峰　赵毓玲　钱强　高超一　崔华峰　登琨艳　谢江

海外编委
方海　方振宁　陆宇星　周静敏　黄晓江

主编　徐纺
艺术顾问　陈飞波

责任编辑　徐明怡　李威
责任校对　李品一
美术编辑　朱涛
特约摄影　胡文杰

广告经营许可证号　京海工商广字第0362号
协作网络　ABBS建筑论坛 www.abbs.com.cn

图书在版编目(CIP)数据

室内设计师.14/《室内设计师》编委会编.－北京:
中国建筑工业出版社，2008
ISBN 978-7-112-10362-1

Ⅰ.室… Ⅱ.室… Ⅲ.室内设计－丛刊 Ⅳ.TU238-55

中国版本图书馆CIP数据核字(2008)第178819号

室内设计师　14
《室内设计师》编委会　编
网址：http://www.idzoom.com
电子邮箱：ider.2006@yahoo.com.cn

中国建筑工业出版社出版、发行
各地新华书店、建筑书店 经销
恒美印务（广州）有限公司 制版、印刷

开本：965×1270毫米　1/16　印张：10　字数：400千字
2008年12月第一版　2008年12月第一次印刷
定价：30.00元
ISBN978-7-112-10362-1
　　　　（17165）

CONTENTS

VOL. 14

威尼斯建筑双年展：先锋似是故人来

撰文 ｜ 徐明怡

五百年前，出身卑微的石匠之子安德烈亚·帕拉第奥（Andrea Palladio）为威尼斯这座水上之城创造了奇迹，迄今，少有人能与之匹敌。如今，当我们沐浴在夏日的阳光中，一场关于现代建筑的展览也很难把我们从水之梦中彻底叫醒，并投入到第十一届威尼斯建筑双年展中去。

军械库与绿园城堡两个展区位于威尼斯主岛的边缘，今年的主题是由来自荷兰的美籍策展人阿伦·白茨基（Aaron Betsky）制定的，叫做"跳出来：论盖房子之外的建筑"（Out There, Architecture Beyond Building），这样的主题明白地宣示了——这次的双年展根本不打算讨论盖房子，针对这个主题的来龙去脉和用意，白茨基有自己的一套厚厚的理论，概括来说，建筑远不只是把房子盖起来的过程，建筑是人类与这个世界的关系，也是人与人的关系。

诚然，针对能源危机、经济危机、不断的城市更新、人口流动制造的大量废墟等社会问题，白茨基的主题是一个具有相当理论高度的主意，而且也是一个机会，开放的命题可以让建筑师们不受客户预算的制约、规划的限制、打破政治以及官僚主义等因素的桎梏，打造出一场富有想像力的展览，关键词则在"想像力"三个字上。

事实上，白茨基本身就打出了两张缺乏想像力的牌："明星设计师"与"数码设计"。明星设计师的加盟会使展览增加影响力，而这些明星设计师也是先锋建筑的代表人物。从英国建筑大师扎哈·哈迪德（Zaha Hadid）到美国夫妻团队 Elizabeth Diller 和 Ricardo Scofidio 以及美国建筑大师弗兰克·盖里（Frank Gehry）、蓝天组，确实，他们一直被视为先锋，但这些年来，他们所坚持的也是一成不变的先锋作风，大众或是媒体也一如既往地将他们称作"先锋建筑师"。

究竟何为先锋？何为先锋建筑师？

有人曾将《今日先锋》这本艺术杂志作喻，这样定义道"先锋是个具有时效性的概念，其内容是随着一时一地的具体环境不断变化的，只有今天的先锋才能叫'先锋'，任何一种具体的先锋都必将成为后来者眼中的'后锋'和'古典'，并成为后来者革命的对象和前进的基石。"

在今天的建筑界，"先锋"的内容已经被固定了。从风格上表现为在计算机技术主导的设计过程中实验非线性和动态的建筑空间与形式，提起代表人物，来来回回的还是前文中提到的那几个人。

我们不能否认，这些代表人物确实具有不俗的功力，创造出了美妙的建筑，但回首 30 年前，先锋们的作品与现在是一脉相承的，不同的只是更成熟，更有名，更被社会认可。

德国的彼得·比格尔在其著作《先锋派理论》一书中这样定义道："审美范畴不是永恒的，而是社会发展到一定阶段的产物，先锋派则是对这些范畴的批判。"也就是说，先锋需要批判精神，对先锋来说，重复就是死亡。

在今年的威尼斯建筑双年展上，我们看到的不仅是大师的自我重复，还有着他者对之形式的仿效与重复。为了呼应白茨基对未来建筑的想像，大多建筑师往往拿出了色彩缤纷的科幻块，大旋转的物体和眩目的视频佐以单调的电子音乐予以应对。《洛杉矶时报》如是评论道："为追求一种令人眩目的表面魅力，以及试图展现一种理论高度，白茨基将自己的展览与现实世界隔绝了起来，也对现实世界越来越多的病症采取了漠不关心的态度。"

威尼斯建筑双年展存在的目的之一就是发掘先锋，指引世界建筑界的发展趋势，但如此一场嘉年华盛会令人不禁有所质疑。

至少，我的所见是：老一代的先锋已然老去，而新一代的先锋却不知所踪。 END

没有主角的威尼斯建筑双年展

撰　文　｜　徐明怡
摄　影　｜　刘克成、肖莉、韩冬等

　　结束了开幕式、颁奖典礼的喧哗热闹，参加第11届威尼斯建筑双年展的各国策展人、艺术家基本都已经离开水城。艺术界人士的"撤离"，将遍布水城的国家馆、主题展和外围展再次交给了日常光顾威尼斯的世界各地的普通游客，回归安静的双年展展场似乎显得与建筑无关，只是威尼斯旅游项目的一个组成部分。红色的大幅海报在双年展各个主要展区的门口充当标示牌，吸引游客进入展区参观。

超级明星拥抱装置

不管是建筑界或艺术界，建筑展的地位始终暧昧。传统观念中，建筑是具体、讲求实用功能的，艺术则是抽象、审美的，建筑一旦转型艺术展览，常沦为四不像：艺术界骂缺乏美感，建筑界嫌太过虚无。

今年威尼斯建筑展干脆鼓励建筑师尽情拥抱艺术。策展人阿伦·白茨基不但要求建筑师寻找"盖房子之外的建筑"，连主题展也定名为"装置"（Installation），并颁发"装置大奖"。白茨基鼓励建筑师丢掉实用建筑理论，从艺术角度重新思考建筑，以"装置艺术"表达脑中难以实地建筑的种种奇思异想，而建筑大牌们的跨界之作也令人驻足观望。

1　主题馆参展作品《单身小镇》
2　扎哈·哈迪德的作品《莲花》
3　弗兰克·盖里的装置作品《计划半成品》

威尼斯常客扎哈·哈迪德

扎哈·哈迪德是威尼斯的常客，无论是建筑还是艺术双年展都会邀请她参加，今年的建筑双年展展示了扎哈的两个项目，不过，她将在6个不同地点展示其作品。扎哈和帕特里克·舒马赫（Patrik Schumacher）专门为本届双年展设计了一个名为"莲花"的房间。莲花被设想成可以分成片断的围栏结构，能压缩或扩展，用作休息、座位、存储和浏览空间。家具和建筑被结合在一起，可以移动，如可移动的桌子及相连的椅子、床、书架、衣柜、房间间隔以及茶几等。

威尼斯附近的 Villa Foscari 陈列了扎哈的作品"Aura"（光环），这是件为了纪念建筑师帕拉第奥（Palladio）的 500 周年诞辰而专门设计的雕塑。它高 2.5m、长 6m、宽 3m，用 PU 泡沫建造，外层涂了一层玻璃纤维和带光泽的涂料。这是扎哈和舒马赫合作的成果，意图将帕拉第奥的设计演绎出来。这一形式的建筑依赖于和谐的比例，通过非线性的理论构成优雅和动感的形态。

弗兰克·盖里：终身叛逆，终身美丽

弗兰克·盖里可能是当代世界建筑史上最成功的改革者，人称"建筑界的毕加索"，早在 1989 年就已摘得建筑界桂冠"普里兹克建筑奖"，声誉如日中天，他的作品都像是提前降临人间的未来建筑。在本届双年展开幕之前，组委会就已将今年的"终身成就金狮奖"授予了他。

"盖里改造了现代建筑，将其从盒式结构与平庸实践的束缚中解放了出来。"双年展主席阿伦·白茨基如是评价道，"他的建筑富于实验性，是层次超越普通楼房、极具现代感的建筑典范。"

盖里曾深受密斯和柯布西耶等建筑大师的影响，对于材料和细部事务追求完美。开业后，由于在现实环境中难有充足预算要求工匠执行细部达到完美境地，他不得不选择换一种方式生产建筑。1978 年，他从专业主义转为较激进的实验主义，开始尝试使用粗糙廉价的人造工业建材塑造纯粹形体，彰显战后美国的快餐文化与消费文化。

盖里追求一种抽象的美，他的作品很少掺杂社会化和意识形态的东西，经常采用多角平面、倾斜结构等形式的视觉效应，例如他为巴塞罗那设计的"鱼"雕塑，成功应用计算机辅助制造技术，突破了传统建筑几何复杂度与大尺度自由形体精确度的种种限制，创造出了丰富的建筑形貌，并且颠覆了整个建筑生产流程。

此次，盖里的装置作品"计划半成品"（Ungapatchket）在军械库主题馆展示，"Ungapatchket"在犹太语中的意思是"被拼凑在一起"，作为他在莫斯科的一项建筑计划。"计划半成品"是一座约四五米高的粗大木架，装置上方被现场制作的大陶板包围了半圈，陶板风干后出现大片细碎的裂纹。盖里这位老顽童素来不按常理出牌，他有着艺术家惊人的原创力和工程师一丝不苟的执行力，他说："我喜欢这种在建筑过程中看不见的美，而这种美又常常在技术制造过程中失落了。"

主题馆：大腕与装置的饕餮之宴

美国建筑师格雷戈·林恩（Greg Lynn）凭借装置作品《回收玩具家具》获得了今年新鲜出炉的装置作品金狮奖建筑师。至于年仅44岁的格雷戈并不是因为此次获奖而被建筑界熟悉，他在十几年前就已经参加过威尼斯双年展，如今，更是数字化设计前沿的几位领军人物之一。

《回收玩具家具》的材料多来自废弃的玩具塑料，格雷戈将其重新组合成了看上去很像桌子和台面的道具，而他在获奖时形容这是一次"非常感动"的经验。他开玩笑地说：谢谢他的太太喜爱塑料，更感谢他的小孩爱玩塑料玩具，给了他很多灵感，不过这句玩笑话也一语道破了这位非凡建筑师成功的缘由。

建筑师马修（Matthew）与艺术家阿兰达（Aranda）合作，用黑色钢板做出万花筒般的立体花纹，取了一个很美的名字：《黄昏的线条》。他们表示，这是结合计算机设计与铅笔素描，企图描绘宇宙内部的结构。

根据估计，到了2026年，全球将有三分之一人口处于单身状况。加上网络发达与派遣工作盛行，这些单身人口将没有固定的家与办公室，飞机与旅馆是他们最熟悉的空间。建筑师德鲁格（Droog）据此设计"单身小镇"，以各种背着房屋的假人，预言新型态"蜗牛族"的诞生。展场不时还会跑出全裸猛男，制造"真人实境秀"的趣味。

当建筑变"装"，便能以可玩可碰触的游戏特色，拉近与普罗大众的距离。荷兰建筑团体MVRDV以玩"Wii"的概念，邀请观众一起参与电玩中的城市规划。

维也纳Coop Himmelb(l)au设计的《心跳城市》，观众把手放进玻璃罩里的机器，屏幕便会出现你心跳的形状，忽大忽小、还会变颜色。该建筑装置是根据1969年一项科学研究发展的复古设计，据说是网络原型，如今被建筑师拿来强调人体与建筑、城市的脐带关系。

艾未未的武侠美学

意大利国家馆最大的展室内，一个个竹椅在竹竿的支撑下凌空而立，展示各种宛如飞跃的姿势；让人想起东方的武侠美学，又彷佛隐藏某种西式建筑结构。这件建筑装置是中国当红艺术家艾未未与瑞士建筑师赫尔佐格与德梅隆（Herzog & de Meuron）继奥运建筑"鸟巢"之后的第二度合作。既是东方和西方的相逢，也是建筑与艺术的跨界。

主题迥异 观点呈现

与主题展豪华声电的气派排场迥然不同，那些散布于周围的各个国家馆，虽然展示了一些声名不扬的年轻建筑师作品，却主题迥然有别；展品虽参差不齐，却也予人以惊喜。一些展馆别出心裁地将环境恶化视为一个没法绕开的先决条件，用黑色幽默的手法让人们对这个动荡不安时期报有些许乐观的想法，也展现出了建筑业界的人文关怀。

波兰馆：建筑的晚年

拿下最佳国家馆的是波兰馆，馆内布置得像个大旅馆，空间中摆上几张白色大床，床上放 iPOD；墙上贴的照片呈现 10 年之间，6 栋建筑在都市更新压力之下的剧烈变化。观众可以躺上床，在音乐和照片的环绕下安然入睡，成为展场的一部分。

两位相当年轻的策展人挑选了 6 幢华沙城中的新兴建筑照片为主题，企图以"旅馆"隐喻建筑被迫"轮回"的宿命，呈现出了一个反面乌托邦的未来：作为城市大门的波兰华沙机场将因为能源危机在跑道上还原耕作，而 2 号航站楼被改为了家畜养殖场；一座由建筑大师诺曼·福斯特（Norman Foster）设计的钢筋和玻璃结构的办公大楼经过想像力的处理变成了一座阴暗潮湿的监牢；SOM 设计的摩天写字楼将被华沙市政府收购，用于存放市民骨灰……在资金如潮水来去的第三世界城市，建筑不再是永恒的纪念物，即使盖好了，功能和内部陈设也不断汰旧换新，就像送往迎来的旅馆。而居民一觉醒来，发现"家"已成陌生旅馆。而这样的主题也正是当下人们一种不带个人情绪的末日启示录。

这个以黑色幽默为其表现手段的国家馆将环境恶化视为一个没法绕开的先决条件。它们令人想起，尽管艰难的时代不会产生什么新建筑物，但至少时代的艰难能有助于培育具有永恒价值的建筑理念。单是这一点，就能使人对当下这个动荡不安时期至少抱有些许的乐观看法。

中国馆的"普通赋"

"威尼斯像'赋',铺陈雕琢,满满当当的一篇文章。"——这是作家阿城在《威尼斯日记》中对威尼斯的描述。此次,阿城与张永和联手在处女花园"铺陈雕琢"起了一篇属于自己的"赋文"。

相对于白茨基高调打出"数码设计"与"明星设计师"这两张牌的做法来说,中国馆的策略显得"反动"许多,叫做"普通建筑"。一是"反明星",策展人选择了对国际建筑界来说尚属陌生的且具有中国特色的建筑师参展,策展人张永和认为:"中国的现代建筑才刚刚开始,能有世界上最伟大的建筑师才怪了";二是"反数码",中国馆内并没有使用绚丽的高科技手段粉饰,而是踏踏实实地用自己的方式盖了5座'普通房子'。张永和这样解释道,"中国建筑现在的现实问题不是缺少视觉效果强烈的明星建筑,而是我们普通人住的房屋的功能性正在退化。"

也许,对中国馆来说,华丽亦可以是一种压迫。

中国馆分为"应对"和"日常生长"两个部分展出。"应对"部分由张永和策展,5位参展建筑师刘家琨、刘克成、李兴钢、童明、葛明通过各自的方式都针对最近发生的汶川大地震推出了抗震环保的设计。刘克成设计的建筑将屋顶做成集雨器,这样可以通过收集纯净的雨水解决灾民的饮水问题;刘家琨设计的再生砖以地震废墟中的残砖碎瓦为原料,达到充分回收再利用的环保效果;作为唐山地震幸存者的建筑师李兴钢则推出了自己设计的纸砖宅。

究竟什么才是"普通建筑"?张永和给出了三个基本条件:1.认真做的;2.有质量的;3.与每天的生活发生关系的。在中国最受舆论关注的

1		3
		4
2		6
		5

1 李兴钢设计的纸砖宅
2 中国馆位于军械库的角落:由一大片草地和一座油库构成,室外是由5名建筑师设计的5座普通建筑,室内是王迪的摄影展
3 刘克成设计的"集水墙"
4 雨后的中国馆现场
5 军械库中王迪的作品
6 中国馆开幕酒会现场

明星建筑，符合1、2但不具备3，就像故宫，"故宫是一个非常伟大的建筑，看上去也高兴，可是你一辈子去几次？"而老百姓最关心的城市住宅，符合3但没有1、2，因为尽是没有太多研究的大生产式建筑。张永和说："中国建筑虽然动静不大，没什么人知道，可里边有很多创造性的东西和人。他们盖的可能不是那种纪念碑，有时候很小，形式也不'跳'，但很有意义。建筑师的思考里有一份智慧，每当使用好的建筑，你体会到这份智慧。"

在中国馆另一内场展览中是由知名作家阿城提出的"日常生长"的主题展。阿城认为，普通的建筑与人的日常生活，如果处于互为生长的关系，就是利于生活的良性关系，如果处于互为抵触、冲突、冷漠的关系，就是恶性的关系。艺术家王迪将"日常生长"化解为一溜狭长写字桌上摆放着的同样尺幅的北京筒子楼的照片。这些写字桌细看之下各有不同，都是王迪从各个旧家具市场里淘来的宝贝，"虽然不太一样，但一看就会知道是那个时代的东西。我拍摄这系列照片是为了找回自己从小生活生长的那种场景，当时我也请教过建筑专业的教授，他们大多认为这些建筑没有拍摄的价值。"而这些在建筑史或许会被一笔略过的建筑作品，在阿城看来却有特殊的意义，"你们现在看照片，里面住的是特别困难的普通人，但在以前，住筒子楼的都是些拥有特权的人，大多是部委或者国营单位的家属楼。"这些在2004年到2008年的题为"红色住宅"的照片，早在一年多前就进入了阿城的视野，而在他的眼中，对于建筑的历时记录，也记录了一种权力的消解。对于历史颇有心得的阿城透露，自己正在创作一本新作《中国造型史》，来阐述自己眼中极为独特的中国式的审美观。

娴静中的力量

比利时馆此次的主题是"1907……在派对之后",策展人将整个国家馆当作一个大型的装置,用金属片将整个场馆包围起来,馆内地板上洒满了五彩纸屑,观众可以坐在地上,小孩也可以玩起成堆的彩色纸片,就像在沙滩上的享受,而1907年就是比利时在威尼斯建筑双年展中获得国家馆资格的一年。

不过,这样一个看似空间装置的作品其寓意也不难理解:近年来,建筑业正在享受狂欢派对,超大型的建筑项目的资金来源也无穷无尽,如今正宣告彻底结束。它也向人们提出了一个很有意思的问题:狂欢时代结束后,处于集体宿醉的建筑师们如何汇聚一堂,为拯救废墟世界而献智献策?

日本馆以"极限的自然:混沌空间的景观"为主题,建筑师石上纯也选择了与欧美建筑完全不同的方向。馆内空空如也,馆外的园地上是一片人工草地和玻璃温室,里面种植的花草高低错落。仔细观察馆内,便会发现淡淡而纤细无比的铅笔画,那些庭院外的树和水都跃然出现在了墙面上,而这淡淡的细细的笔触正是石上纯也希望表达的那走向消失的美丽。

莫斯科被认为是北京之后,下一个遭外国建筑大举入侵的"金砖"城市,但俄罗斯馆内却没有堆放流线型建筑模型,反而出人意料地植入一棵棵半枯的树干,调暗灯光,让观众仿佛在幽暗森林中漫步。策展人形容这是"前建筑情境",是建筑师在建筑概念形成前,对土地最美好的直觉感受——这是建筑最美的一刻。

```
1
2  3
4
```

1-2 比利时国家馆
3 日本馆
4 爱沙尼亚国家馆

爱沙尼亚馆:直白的政治秀

位于绿园城堡的主干道上,一道两三百米长的黄色天然气输送管非常抢眼,它从德国馆门口一路延伸到俄罗斯馆门口。这是爱沙尼亚国家馆的作品,源于一场真实的政治事件,"俄罗斯天然气工业股份公司"近期决定在俄罗斯和德国之间架设一道天然气输送管线,这条在海底铺设的天然气管借道爱沙尼亚,却因民族冲突,拒绝出口石油到爱沙尼亚。这条在国家馆展区主要通道上蔓延的油管,就像一具扩音器,经过的人无不侧目,是"小虾米对抗大鲸鱼"的精彩演出。

第三代美术馆：
中央美术学院美术馆
THE THIRD GENERATION OF ART MUSEUM
CAFA ART MUSEUM BEIJING

在这个浮躁的年代，文化艺术很难在商业土壤上找到一个健康的生长方式，而让一个当代美术馆以文化的姿态建立起来，这在中国更不是件易事，尤其是一个强调空间与艺术相结合的当代美术馆。

与以保存作品为目的的第一代美术馆，以蓬皮杜艺术中心为代表的空间比较匀直的第二代美术馆不同，第三代美术馆更加强调当代艺术与空间的结合，只有身临其境能感受到它传递的信息，新近落成的中央美术学院美术馆就属于此范畴。

两年前，我们采访了矶崎新，并介绍了这座美术馆的设计方案，那一张张设计草图给我们留下了及其深刻的印象。两年后的今天，图纸变成了现实，矗立在我们的面前。此次，为了更好地了解这个作品，了解第三代美术馆的功能与特征，我们对落成后的现状进行了报道，并采访了该作品的"甲方"——中央美术学院院长潘公凯先生和主持该设计的矶崎新工作室的胡倩女士。

潘公凯：最懂建筑的甲方

撰　文　｜　徐纺

　　采访潘院长是在秋日的一个午后，这个艺术家出身的院长谈起建筑设计来兴致勃勃，充满了激情。在中央美术学院美术馆方案阶段，潘院长就带领全院的师生做了许多方案，他亲自设计的方案图板至今还放在他的办公室里，我们的交谈就是从这里开始的……

ID =《室内设计师》
潘 = 潘公凯

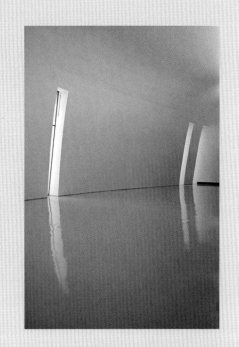

ID 听您刚才的介绍，知道美术馆在当时已经做了很多的方案，那为什么还要选择矶崎新来设计呢？
潘 当时是做了很多方案，包括我自己的方案和美院师生的方案，但是总感觉没有突破，不够理想，所以决定请国际大师来设计。选择矶崎新是因为看了他很多设计作品，喜欢他的设计风格。

ID 你们的合作顺利吗？
潘 我们的合作非常的顺利，配合得特别好，他说我们是最懂建筑的甲方。由于我们之前做了很多的准备工作，所以当我把我的设计方案给他看的时候，他立即就明白了我们需要什么样的东西，而且功能分布也非常明确。

ID 您的设计就好比一份详尽的设计任务书了。
潘 是的。我们没有给他任务书，但是却表达得更清楚。

ID 现在这个美术馆使用下来感觉功能怎么样？
潘 应该说还是相当好的，能想到的都已经做到了。当然还是有些不可避免的缺憾，为了使矶崎新的作品本身更加完整，我们做了一些功能上的让步。比如弧面的墙上没办法挂画，所以每次展画都要装拓板。这个就有点浪费。矶崎新为了保持里面弧线的好看，我也觉得这很值得，虽然在功能上会有一点不方便，但是建筑的完整度得到了保证。其他方面的使用还是相当方便的，比如运货车可以直接开到货梯边，货梯可以很大，可以满足大尺度作品的运送。做了几次展览感觉还不错，就是展览的成本费挺高的。

ID 这个展厅是对外开放的吗？
潘 对外开放的。这个展厅有两个功能，一个是对校内的教学上的用途，另外那些国际性的展览也可以借用这块地方来展示。这个展厅现在已经很多人来联系，希望做一些商业用途。比如说做过通用汽车的新车发布会。车子放在这里，从哪个角度拍都很好看。矶崎新将残疾人通道拓宽了，这样在这里作时装表演非常有意思。

ID 这个建筑最大的难度在哪里？
潘 这个建筑的难点有两个。最大的难度就在于它不规则的弧。给我们施工的这个幕墙公司和大剧院是同一个幕墙公司，大剧院都已经做好了再做我们这个工程的，他们说这个美术馆比大剧院的难做。大剧院的弧度因为是个规则的弧度，所以可以在电脑里面计算出来，而我们的弧度是不规则的弧，定位非常难。电脑里面模拟的弧度，先是要做一个木模出来，把木模定位后导入电脑编程电脑三维模。电

脑三维模是做好了，可是他们施工的时候不好定。这根钢到底放哪里才是合适的位置，这个不好定。原先是想借助三台激光定位仪，可是租借这个很贵啊。后来是用土办法解决了，用钢结构的定位完成了。第二个难处在于防水层。因为墙面是不规则的弧度，所以防水层非常难做。防水层是一块块的里皮连起来的，到底该剪多宽没有数，而且剪好了以后扣不好。技术人员讨论了好久，德国的技术人员、幕墙公司的技术人员和第七建筑工程队的技术人员一起讨论。

ID 外墙的材料是不是做过实验的？是矶崎新亲自挑选的材料吗？
潘 是的，专门做了个等大的模型，怕外墙松掉或者裂掉。材料是我们挑选的，但是他很满意。我们在很多问题的看法上非常一致，他很信任我们。只是材料太便宜，所以有些锈斑。

ID 你觉得这个美术馆最大的亮点是什么？
潘 它的亮点就是在于每一个角度看都非常特别，非常好看。结构的美是建筑本身的美，不是外面贴上去的一种装修的美。他要求内装修要简单到极点，只用一种白色，以及黑的石材和灰的地。灰色的地也是因为没有白色的石材而不得不妥协。理念还是很清晰的，极简主义的理念，尽可能的不加任何外装饰用材料本身的美和结构本身的丰富性使得空间很美。形成这种美的，外墙弧面直接体现在内墙上，还有一个是斜坡走道再加上一点点小的放雕塑的空隙，还有就是天窗做得很新奇，白天自然光，晚上灯光照射，天窗分成许多层，有钢化玻璃、隔热层、防紫外线玻璃、磨砂玻璃等，人还可以爬进去换灯。

ID 矶崎新对这个作品满意吗？
潘 他很满意。矶崎新在深圳做过一个文化中心，他非常不满意。因为那边领导太多，改的太多了，他都不想认它了。这个美术馆他认为是和甲方配合最舒服的一个项目。据他自己说在世界各地做了大大小小 19 个美术馆，他希望这一个是最好的。

ID 矶崎新除了做设计还喜欢艺术
潘 对，他的版画很好。

ID 这也是你们配合默契的一个原因。没有你们的默契，就不会有这个完整的作品。

　　潘院长带着我们在展厅里边走边聊，这个展览馆他已经走了无数遍，对每一个角落他都了如指掌，都充满了爱意和感情，这是他和矶崎新共同的作品。 **END**

胡倩：软硬件结合才有好作品

撰　文 | 徐明怡

ID =《室内设计师》
胡 = 胡倩

近年来，日本建筑大师矶崎新一直活跃于中国建筑界，不仅留下了许多对中国城市建设的评价意见，同时也积极投身其中，陆续参与了众多大型文化项目。但中国城市的建设速度很快，基于各种原因，许多国际建筑大师都有中国项目完成度不够、实施困难的感慨，矶崎新也不例外。但他却给予了新落成的中央美术学院美术馆"A"的评价，他认为这是目前他在中国已落成作品中完成度最高的。

胡倩是矶崎新事务所的中国区负责人，每每矶崎新出现在中国时，身边总会有这位得力助手的存在，除了充当矶崎新的翻译外，她也负责矶崎新在中国的项目。我们此次与她进行了面对面的交流，在她将中央美术学院美术馆这个项目的设计始末与施工配合都娓娓道来的过程中，当谈及业主以及各配合单位的融洽协作时，她显得很激动，在她看来，中央美术学院美术馆是个集合着"天时地利人和"的项目，人是最关键的因素，但性格直爽的胡倩仍然对文化项目在前期策划方面的欠缺直言不讳，她认为只有软件和硬件结合才能使建筑得到生命力。

ID 上次与你的采访时，你提到中央美术学院美术馆是矶崎新事务所在中国完成度最高的一个项目，而且配合得非常顺利，可以介绍一下项目情况吗？

胡 是的，矶崎新本人对这个项目也是非常满意的，给予的评价是"A"。好项目依赖于"天时地利人和"，而我觉得中央美院这个项目，成功的最关键因素就是"人"，这个人不只是业主，还包括配合单位。我们很高兴能碰到潘公凯院长这样的业主，他非常尊重我们设计师，同时也非常配合，对项目质量也有很高的要求，基于这样的前提，才能完成一个作品。美院老师一般对美都有自己的理解，建筑虽然也是一种美学，但也是一种构筑，如果业主将自己的美学放在建筑中，建筑就会走样。在美院这个项目中，项目经理谢小凡完全执行了潘院长的要求，从施工到各工种的配合都非常顺畅。

ID 举个例子吧。

胡 比如我们使用的是1.2m×1.2m的花岗石，这种石材的尺寸比较特殊，有些业主会要求说，用1m×1m的花岗石也一样，但潘院长却是完全尊重我们的，积极支持我们。

ID 沟通一直很友好。

胡 我们与业主在方案阶段的沟通是很密切的，而且一直在一种非常友好的氛围下沟通，也为后期的工作打下了很好的基础。虽然无论是建筑还是结构设备我们在东京都有配合单位，但日本和中国的规范有很多不同之处，所以结构设备与建筑的配合单位也不是在完成扩初以后才加入到这个团队来，而是从项目开始就已经介入。

ID 配合单位的情况如何？

胡 我觉得我们这个项目的合作方式也是很特别的。我们接受委托设计这个项目后，很多大型设计院也表示希望与我们合作，但我们认为大院的工作模式与我们不一定很合适，所以就希望尝试和小型事务所合作。这种事务所的性质介于大院与工作室之间，我认为他们比大院会少一些官派作风，也会比大院更注重项目的水准和名声，所以我们希望对这样的合作模式有所尝试。这次与我们合作的就是新纪元，他们大概是100多人的规模，但因为美术馆的结构很复杂，而且对设备的要求非常高，他们在这方面的实力可能不够，于是，我们又找了建研院合作。建研院是个大院，但在我们与新纪元和建研院的三方合作中，大家都本着想把项目做好的理念，所以合作得非常顺利，合作气氛也非常融洽，建研院也没有任何的架子。

ID 中央美术学院美术馆一直受到广泛关注，落成以来，很多艺术家、建筑师、策展人都去参观了，但是各人的观点都不同，很多建筑师都非常喜欢美术馆的空间，而有些策展人就认为这个空间不是很适合做展示用，你可以介绍一下，作为设计方是如何考虑这座美术馆的功能布置的？

胡 美术史是在不断发展的，每个阶段都有各自不同的艺术形式，而中央美术学院美术馆并不是一座传统美术馆，而是定位于现当代，也就是说这不是一个19世纪艺术的美术馆，至少是一个展示20世纪和21世纪艺术作品的美术馆。20世纪前半段的艺术作品主要都是一些架上绘画，中央美院也有一些馆藏需要在该美术馆中展示，包括一些油画和卷轴画等，而从蓬皮杜开始的20世纪后半阶段艺术展示就不再拘泥于"白盒子"的方式，而是将白盒子的场景删除，增加了一些新颖的形式，让作品在空间中更加突出。20世纪前后两段的艺术品美院都有所涉猎，但在定位于现当代的前提下，就必须考虑21世纪的美术馆是什么样的？所以我们将美术馆史的不同空间都层叠在里面。

ID 如何将美术馆史上的不同空间都层叠在同一个空间中呢?

胡 这个美术馆的性格还是很分明的,展厅主要分为四层,上面两层是需要策展的,下面两层是固定展厅。固定展厅主要是为 20 世纪艺术准备的,相对而言在布展上没有太大的形式性,而为当代艺术准备的三四两层对策展人来说就是很大的挑战,三楼和四楼是错层的,有一定弧度,在做展览时这里的空间就需要和场景有一定结合,而这在我们看来就属于第三代美术馆。

ID 第三代美术馆的定义是什么? 在空间上具有什么样的特性?

胡 在矶崎新看来,第三代美术馆需要提供可变的装置形式或艺术手法,而且再强加一个环境给你,这样展出的作品就需要和视觉有关。如果想做方盒子型的展览的话,那就可以把场景删了。

ID 弧形的墙面就是你们设定的场景?

胡 曲面墙确实是我们所要表达的,但是这不仅和室内空间的场景相关,同时也和周边的用地准备以及业主的一些需求相关,比如美术馆尽量不遮挡旁边的雕塑馆,而项目用地本来也是弧形的边,但至于弧度为什么如此之大就在于我们对这个美术馆室内空间策展的理解而形成的。也就是说,我们在设计的时候增加了对第三代美术馆展示发展趋势的理解,即策展人在做作品时,需要空间提供一种特殊的环境,如果你是个很会驾驭的策展人,那样的空间能使你很好地发挥,环境是给你加分的,而如果策展人不能理解这样的空间,只能选择在里面再搭一个方盒子,那样就会为艺术减分。

ID 你们对这个美术馆空间理解的方式很特别,是如何与业主方沟通的?

胡 我们在设计的时候就很注重项目的定位,美术馆的展陈方式与将来的运营有着直接关系,在这个方面,我们与业主沟通了很多轮。但事实上,这块还是相对较弱,虽然馆长很早就介入了这个项目,但并不是在设计阶段,我们一直是与潘院长沟通。

ID 你认为最适合这个美术馆的展览是怎样的?

胡 美术馆底层有一个很大的入口,底层和二层主要用于一些架上绘画以及小型雕塑等展览;三四层用于策展,空间都是白色,也算是保留了白盒子的一些特征,但是这样也把形体表现了出来,给予了场景感,这里主要展示一些当代艺术,以装置为主,但也有一些墙,可以用于悬挂。不过如果有大型展览的话,将四层打通也是可以的。矶崎新就曾经向馆长提过,希望明年可以在这里做一个大型的展览,将一层至四层一起运用起来,我想如果展览成形,这会是个很好的范本吧。

ID 目前这个美术馆已经交付使用,而且也进行了首场展览,你对这个展览的评价如何?

胡 首展主要是为了做一个开幕,所以还没有达到我们想像中的策展形式,比如一楼本来考虑要放的一些圆雕都还没有到位,三楼四楼本来是准备放一些大型当代装置作品,但现在展出的一些学生的小型作品,这些作品就需要比较大的墙面,所以首展会在大的空间中搭建一些临时空间,而临时空间本来就是一件装置作品,装置作品中还有学生的作品,这样的话,整体的场景效果就不是那么好,但这是必须要走的过程,毕竟这个美术馆还是个学校的美术馆。

ID 有没有考虑过参观者的感受?

胡 我觉得这个美术馆的空间还是很吸引人的,而且空间布置与人流的导入也考虑得挺周全。人们可以通过坡道进入美术馆,他们可以边走边看,并与首层的大空间发生关系,同时,中间有面开了很多孔的大墙。

ID 参观这个美术馆会是件很有意思的事。

胡 是的,我们在设计的时候考虑到将来在这堵墙前面会放一些圆雕,但是现在即使没有圆雕,它也对空间很有效。墙上有一定开孔,人流也引入坡道,很多学生在坡道上走的时候都很有感觉,远处和近处都会有很多人。

ID 如何评价国内的美术馆呢?

胡 国内其实没有很好的美术馆,倒是有很多画廊。美术馆和画廊是两件不同的事物,画廊是具有买卖目的的商业行为,策划要求与美术馆不同,而美术馆则需要有文化的意义,他需要有一个策划理念在里面,需要策展人结合主题去找合适的艺术家,而画廊则是会选择一类艺术家,根据他们的东西来创作展览,这就是文化行为和商业行为的区别。

ID 矶崎新几十年来已经创作了很多美术馆,可以介绍一下经验吗?

胡 矶崎新从事文化项目的设计已经四十多年了,所以我们经常会根据自己的经验,将对项目软件的策划同时兼容在其中,我们事务所一般做文化项目都会软硬兼备的。文化项目其实最重要的是落成后的运营,所以必须在设计伊始就想好将来是如何运营的。美术馆本身只是一个空盒子,以后要不断往里面添加新东西,而里面的软件才是维持硬件生命的根源。所以文化项目设计的考虑应该是软硬件兼顾的,不能像其他类型建筑的操作方式,比如住宅那样,落成后再敲这墙敲那个墙,只有软硬件兼顾以后,文化项目才能得到生命力。 **END**

中央美术学院美术馆
CAFA ART MUSEUM BEIJING

撰　文	东福大辅
摄　影	胡文杰
资料提供	矶崎新工作室

项目名称	中央美术学院美术馆
工程位置	北京市朝阳区望京花家地南街8号院中央美术学院
建筑用途	美术馆
建筑业主	中央美术学院
建筑设计	矶崎新工作室
	北京新纪元建筑工程设计有限公司
结构设计	川口卫构造设计事务所
	中国建筑科学研究院
设备设计	上海裕健机电工程有限公司
	中国建筑科学研究院
电气设计	上海裕健机电工程有限公司
	中国建筑科学研究院
建筑面积	14,777m²

中央美术学院（Central Academy of Fine Arts，简称 CAFA）原是规模不大的艺术类专业学校，自从 1990 年改革开放政策的持久深入，中国的大学开始有了自主经营权，随之产生了学科的扩充和学生人数的倍增。目前除了传统美术之外，还有美术印刷设计、产品设计、服装设计及建筑等学科，成为了包罗多种设计学科的综合性美术大学。学院自 2001 年开始分阶段地把校园从过去狭小的旧校址迁移到郊区，以校园为中心并联合周围 798 艺术区和酿酒厂旧址，形成了在东亚范围内屈指可数的大规模艺术区域。作为学院迁址的最后阶段，由矶崎新工作室设计并实行工程现场监督的中央美术学院美

术馆，不仅可以展示该学院收藏的艺术珍品，还将承办来自国内外各界艺术家的展览，美术馆不仅是学院的象征性建筑，并期盼其带动周围艺术区起到核心设施的作用。

798 艺术区具有代表性的艺术画廊，是由多幢 20 世纪 50 年代建造的厂房和仓库加以改造利用的，其中有不少建筑有很高的层高并拥有高侧窗的自然采光。目前这些建筑对于商业艺术来说不失为理想的内部空间，但都没有超越 20 世纪的白色立方体型美术馆的空间范畴。然而作为领引中国艺术舞台的建筑，仅靠数幢雷同的白色立方体组合是不够的，需要更进一步深入地探索创意空间。

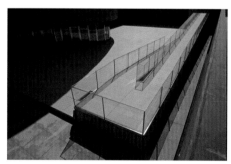

1	3
	2	4

1-3 外立面，干挂叠压式国产片岩非常具有质感

4 通往地下层的坡道

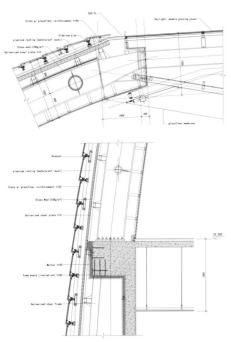

由于北京的街道基本上呈棋盘网格状，导致北京的现代建筑只能在四四方方的舞台上竞相展现它的形态。然而伴随着北京市区范围的急剧扩大，打破常规的城市规划相继出台，本地块呈现出的就是圆弧曲线勾勒出的 L 形。根据这种地形，设计首先考虑临街部分的建筑为曲面墙体，然后采用既独立又相关的三个自由曲面来组合空间，最终形成目前的建筑体量。

三个自由曲面的端部在平面布局上分别为主入口、连接报告厅的入口以及货物出入口，在垂直空间上则提供了可以引入自然光线的采光天窗。设备管道井、电梯和楼梯间等纵向交通空间则隐藏在几个矩形建筑体量内部，其作为独立的形体穿插在曲面墙体的内外。针对内部空间则利用水平的楼板进行垂直方向的分割，或将夹层直接凌驾于空中来构成立体的展示空间，错落有致的楼层之间采用坡道平滑连接。

从采光天窗照射进来的阳光首先透过作为吊顶材料的玻璃纤维薄膜漫射开来，从而形成匀质的光线后进入展厅，光线衍射之处跟随墙体的自由曲面演绎出不同的表情。自然光所产生的这种效果，在展厅的不同部位衍生出微妙的变化。

通过架设在下沉式广场上方的天桥可以直接进入首层的入口大厅，该大厅是建筑内最高的空间。这里将用来展示装置作品和大型雕塑，且考虑到可以从各个楼层欣赏艺术品的可能性。另外，从大厅内电梯竖井处悬挑出来的讲台，可以在开幕式中使用。

二层固定展厅的主要功能是展示学院收藏的艺术品。因主要展品为国画及历史名作，所以内装修材料采用了木质板材、石材、织物以及清水混凝土等具有天然气息的材料。

三层临时展厅是能够适应现代艺术展需求、拥有馆内最大面积的展厅。展厅周围无接缝的曲面墙体可以作为装置作品的穹窿布景般的背景，也可将展品直接固定在墙体上，此外还有一个小型展厅作为夹层设置在上方。

从首层通向地下一层下沉广场的大台阶一部分用玻璃隔离开来，作为报告厅。

在施工图设计和施工过程中，除了一部分美术馆重要的设备之外，其余均采用中国当地的建筑材料。尽管中国处于建设高峰期、建筑成本快速上涨，但相比之下建筑成本仍然没有发达国家高，其中人工费价格低廉，即使在施工中发生大量手工作业的情况，也不会像日本那样造成建筑成本急剧上涨的现象。反而言之，中国建筑领域存在着过多依赖人工的问题，对国外常用的单元化生产则显得力不从心。

外装修采用干挂叠压式中国国产板岩，同样厚度的石材干挂项目还有日本奈良的百年会馆（Nara Centennial Hall, Nara, Japan）、静冈县国际会议艺术中心（豪华巨轮）(Shizuoka Convention Arts Center, Shizuoka, Japan）以及西班牙拉克鲁尼亚人类科学馆 (Interactive Museum about Humans, La Coruna, Spain)，这些建筑外形大致上都为圆形或椭圆形，外装修材料易于单元化生产。但由于这次项目的自由曲面难于进行单元化生产，通过对中国施工工艺的研究，决定采用不同宽度的板岩结合现场情况随机张贴的办法。在这种情况下，由于要靠施工人员吊在高空中进行手工操作，很难确保稳定的质量，因此在事先制作了 1:1 实体模型，来探讨施工方法和节点处理，在此基础上再进行施工。

在绘制施工图方面，三维模型的应用伴随始终，不仅数量巨大的石材分割、钢结构以及混凝土的形状需要利用三维模型进行推敲，甚至连风管、水喷淋的设置也都进行了三维定位。

板岩作为制作砚台的一种常用材料，来概括以中国传统美术教育为基础的美术学院，可以说是非常贴切的，具有现代风格且自由奔放的曲面形体，则是当代先进的美术教育机构的象征。 END

```
1   4
2   3   5 6   7
```

1　不同材料之间的交接、对比

2　墙面细部详图

3　原有的石膏教室决定了美术馆的平面布置，石膏教室现保留在庭院中

4　坡道联系着不同楼层，也是很多的时装秀展示空间

5　室外片岩材料引入了室内，各种材料搭接的处理很精致、简洁

6　走廊空间很宽大，也可以用作展示

7　楼梯空间

I　矩形体穿插于曲面墙体的内外，坡道链接楼层，丰富了空间
2　地下一层平面
3　一层平面
4　二层平面
5　三层平面
6　四层平面
7　屋顶平面

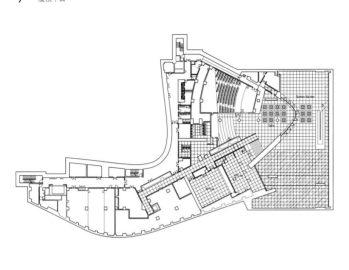

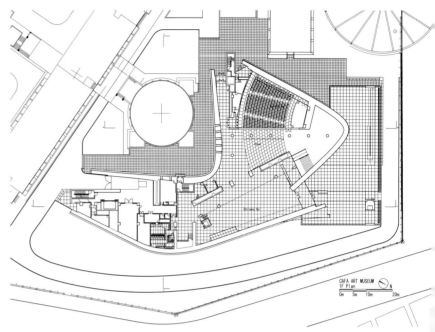

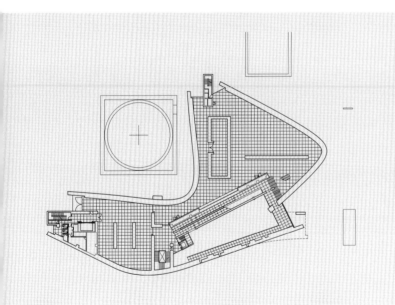

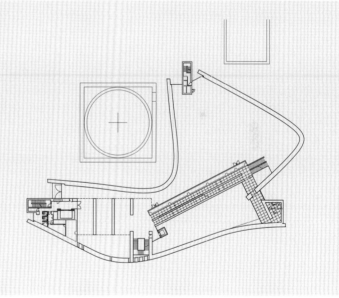

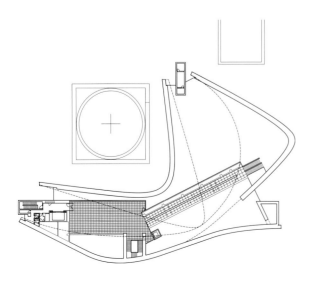

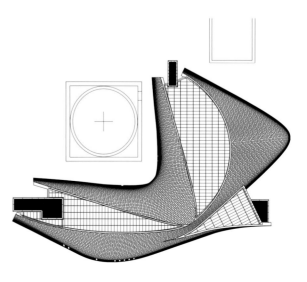

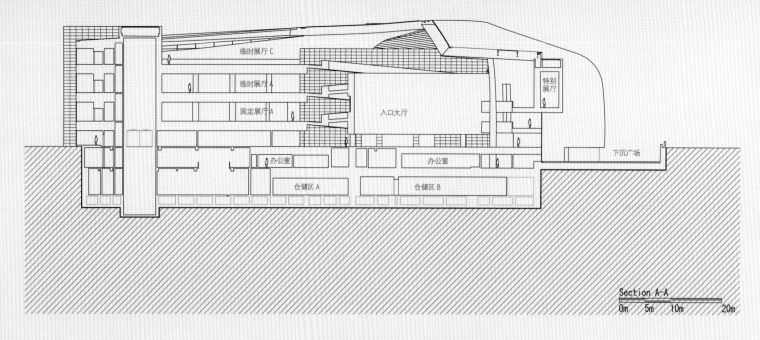

临时展厅 C
临时展厅 A
固定展厅 A
入口大厅
特别展厅
下沉广场
办公室
办公室
仓储区 A
仓储区 B

Section A-A
0m　5m　10m　　20m

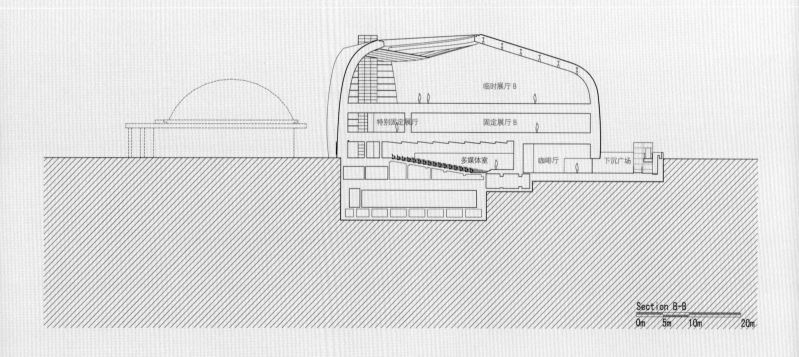

临时展厅 B
特别固定展厅
固定展厅 B
多媒体室
咖啡厅
下沉广场

Section B-B
0m　5m　10m　　20m

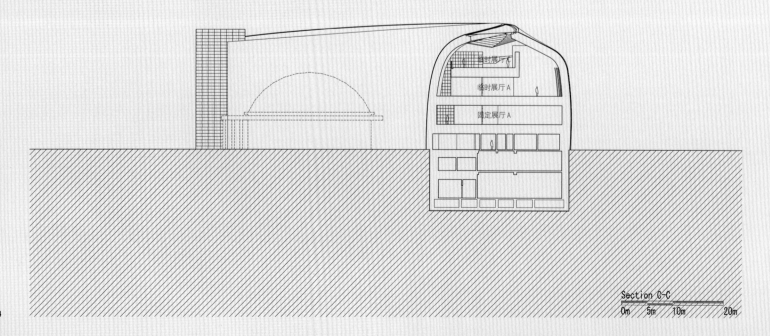

临时展厅 C
临时展厅 A
临时展厅 A
固定展厅 A

Section C-C
0m　5m　10m　　20m

1		4	5
2		6	
3			

1-3 剖面
4-6 阳光透过玻璃纤维薄膜材料的采光天窗漫射开来，形成匀质光
　　线后进入展厅

距离、尺度及其他

撰　文 ｜ LW
录音整理 ｜ LW、李品一

《室内设计师》第13期"热点"栏目刊发了王受之教授的文章《距离,有多远》,在广大设计师朋友中引起了很大反响。伴随着30年改革开放征程,室内设计行业发展到今天,老骥新犊的胸中块垒都想一吐为快。我们特别围绕本文采访了全国各地一些有代表性的设计师,希望他们的分享为设计师和读者朋友带来更多收获与启发。

(发言按姓氏笔画排序)

王兆明(哈尔滨唯美装饰设计有限公司设计总监,CIID副理事长)

现在都说设计难做,北方的情况可能和南方又不太一样。像我们公司做一些公共建筑或商业建筑的室内设计比较多,这类项目的性质就对设计表现手法有一定的要求。另外,行业中也确实存在业主纵容设计师在风格和材料上模仿、攀比的情况,从而促进了设计师猎奇之风有所增长,甚至到了哗众取宠的地步。我常常翻阅国内室内设计的书刊,感觉特别是在娱乐空间的设计上,非常雷同,简直可以说是千军万马过独木桥。

其实我觉得我们做设计还是应该考虑地域特征,科学地、因地制宜地设计。国外的优秀作品是值得推崇,但不能误导,这里面有一个导向问题。特别是媒体,更多地要正确引导。这次年会上有个年轻设计师提出了100块钱给老百姓家做设计的理念,他认为对于什么该保留,什么该拆除,不能一味还原设计师自己的梦,而是要实现业主的梦。我发现好多年轻的新锐设计师更加抛弃了那些传统的东西了,大家觉得有些传统现在看起来可能已经符号化了,当然,这些符号在形成之初其实是有其功能的,哪怕是精神上的功能,而非形式化地放在那儿让大家填充心理的空白。现在大家就在推崇斯塔克,还有瑞典几个设计大师的那种曲线、昆虫式、瞬间创意等等。但这还是只谈了创意。我想,最好的设计应该是"心物一元"的。当然这很难做到,但我觉得内心跟要做的实物应该是印证在一起的,而不是分裂的。

我相信浮华风很快就会过去,而且没有年轻人的进取,室内设计就不会有发展,这要从两面看。我们观察一些产品发展的规律就能看出,比如奔驰、宝马这样的名牌车,它发展的规律就是一张一弛,可能有一段时间的车型就很张扬,再发展可能就会收敛。我觉得设计也是这样,"张"的时候就会有很多经验,包括失败的经验。我们现在就是在这个"张"的阶段,可能会有很多瑕疵、错误,乃至造成资源的浪费,但是会有

收的时候,会冷静下来,评判以前所做的一切,哪些是对的,哪些是错的。我觉得接下来的室内设计该要评判了,哪些应该抛弃,哪些应该保留。张弛缺一不可,所以我很欣赏80后设计师的勇气,我也相信我们的设计还是会走向成熟。

叶红(CIID执行秘书长)

谈谈我自己对当前中国室内设计的一些看法吧。我深刻体会到,目前中国室内设计界对材料、技术以及工程的重视程度不足。很多设计师对基本材料的技术指标,对材料运用的可能性和再开发再利用了解都不太多。比如说瓷砖,瓷砖当中各种成分到底是什么含量都不太清楚。每一种含量的特性都是不一样的,怎么样把每一种含量的材料特性都发挥出来,大家都应该有个这方面的考虑。

其次还有王老师提到的功能的问题。对室内设计来说,空间的功能是非常重要的。有的设计师只重视大面积空间的设计,这是一个误区。每一个使用者都应该在空间内享受到他能够享受的,不能说这是一套90m²的房子,我们就可以舍弃什么功能。因此,我觉得一个室内设计师应该对人体工学有一定的认识,特别是我们现在的一些理念都是从国外室内设计中借鉴过来的。我们应该对东方人体工学有更具体的认识,对中国人的生活习惯有更深的研究,建立一套系统或者模式。日本这些做得就比较好,厨房多大合适、层高多高合理……他们会根据日本人的特性采取对应的措施。我认为中国设计师在"人性化"这方面做的还不是非常到位。在满足了基本需要的前提下,设计师得考虑怎么样才能让使用者感到更舒适,怎么样才能更好地利用这个空间,把东方传统的一些精神层面的东西在室内表现出来……从这里引申出去,我觉得文化内涵和千百年来中国人的生活方式和行为模式都是相适应的,所以我们应该更追求"做我们自己"。这倒不是说我们必须要把中式的符号放进去,其实中国文化的

内容可能更多的是在精神层面上，不是特别具体的东西，而应该是一种感觉。身处于空间中，应该可以感觉出中国的一些精神来。

另外，过度设计也是现存的一个问题：把材料、符号堆砌在一个空间里，方方面面都想照顾到，看到哪里哪里都有设计的痕迹存在，简直"无处不设计"。从节约的角度来说，这样做浪费了很多人力和材料，可是相应做出的贡献不一定很多。而且现在大家生活都挺紧张的，在某些地方放松一些可能更好，应该有点节制。

当然，不提倡过度设计不是说很多因素就可以不考虑了，而是在现在这个节约型社会的基础上，充分考虑设计能为整个空间带来多少贡献。因为我们同时也做工程，所以对这点比较敏感。一些光做设计不参与工程的设计师可能并不知道他的设计变成真正的作品后，在工程上的要求是怎样的，也许他稍微修改一下设计，成本就能减少很多。我觉得设计师应该多了解工程，一方面符合节约型社会的要求，同时也是对设计师整体水平的一个提高，而业主也非常看重这方面。设计不能单从自我出发，很多设计纯粹是设计师个人情绪的表达，我认为这样是不可取的。设计应该从务实的角度出发，和客观现状达到一种和谐，而不是一味地把自己的某些理念坚持下去，适当的让步并不代表对自己设计的否定。

石赟（苏州苏明建筑装饰工程有限公司 设计总监）

王老师这篇文章我认为是"真人说了真话"。

"为国家培养本专业的高端人才"是现在国内各大院校的口号。我看过几次学生毕业展和学生竞赛展，看到的大都是很宏伟的或者很时髦的标题："科技"、"绿色"、"环保"、"节能"——要么是诸如奥运场馆之类的庞大建筑，要么好像科幻片中的外星人飞行器。表现的内容一眼看上去就很眼熟，都是"顶级大师"的作品。尽管有一部分作品涉及到对人体工学的分析，但一看就是草草了事，过场而已。而我多年来接触了无

数毕业生来应聘，大多对基本知识一问三不知。

这几年设计交流渐渐多了起来，我也参加了不少，听到的演讲大多是充满激情的："国际主义"、"新古典"、"后古典"、"现代中式"、"简欧风格"，我专心致志洗耳恭听，却云里雾里，不知所云，惭愧！有一日我突发奇想，以"主义"之类标榜是不是有如投靠了一个帮派，找一个"大哥"一般，可以横行一把？在室内设计行业这么久，做遍了各种"主义"和"风格"的案子，也得到了奖项和表扬，但真高兴不起来。心中想的最多的是：我在设计什么？为什么要设计？仅仅是为了好看？用酷和炫来震住顾客？

去年自家新居装修，疲惫不堪的我已经不想出什么"效果"、做什么"风格"了，倒是非设计师的太太兴致勃勃地把开关、插座、衣橱、鞋柜，一笔一笔又是尺寸又是计算的画了出来，我只是一起挑了墙纸、地板、灯具，装修出来倒是人人说好，自己住着也舒适，心里满足得很。细细想想，这就是心态了。自己是使用者，就很清楚自己需要的是什么。这一想出了一身冷汗。为什么？旁边有个声音在叫："我们是专业人士！我们才知道什么是美！我花了这么多心血你们竟还说三道四？"然而我们却未曾想过，人家不过是要安静地吃个饭、聊聊天、休息一下，所谓的"主义"所谓的"风格"却在旁边"七嘴八舌"，叽叽歪歪。会否你的创意、主题、多彩只是让人觉得不知所措？而你还在自作多情！

前几天参加了个设计活动，参观了一个由建筑师和室内设计师合作的项目，发觉了新的苗头，有喜有忧。建筑师心态很好，以功能的满足顺势做了个好的建筑；室内设计师心态也很好，没有太多的语言，顺应建筑形态做了个安静的办公空间，没有刻意突出自己的"艺术家"特质，用空间的教条打扰本应有的清静。我在心里佩服他的勇气。但是，两个小时的交流，在时间的流逝中我又感到了不安。这是个很"大师"的建筑师＋国内屡屡获奖的室内设计师的创作成果，看得出来，室内设计师很尊重建筑师，

出于尊重，也出于多年的思考，室内设计师选择了"忘我"，选择了隐身，保持了建筑内外的一致性，但我认为在忘我的同时，也忘记了使用者。两个小时中渐渐感到的是寂静、清冷和无情，理性中缺少了感情。

我想说的是离开了"矩"，没有什么距离好谈。

陈耀光（杭州典尚建筑装饰设计有限公司 创意总监、总经理，CIID 副理事长）

承蒙王受之老师在文章中把杭州设计列为榜首，深感愉悦。我跟王老师是两辈人，彼此并不熟，但我看到这个说法时第一反应并不意外。我这几年全国各地游走、交流较多，很多一线设计师都比较认可和关注杭州的设计，内陆设计师还自发地组团来长三角、上海、杭州考察，所以我觉得王老师说杭州的设计整体第一应该是他的综合感觉，既然是感觉就很难将其量化。是否排第一暂且不论，但杭州的城市和设计在被全国同行不断地关注是事实。

像上海和北京等这些大城市的高端商业空间设计其实比杭州更多、更大、更国际化，但是，这些城市往往受到国外以及港台设计师的影响很强，重要项目直接由国外、港台设计师主导，因此其自身原本健康自由的创意生长力会受到很多制约，所以趋同性就强。而杭州自古以来便人文荟萃、民情富足、风景秀美，杭州人也自然会显得自信从容、自得其乐。反映在其设计上，则表现为不以规模、产值为工作目标，更注重题材，更注重出精品、出创意，这就很容易养育出张扬自我的地域精神气质。我个人认为，杭州设计的特点就是多元化、小组团，设计风格上排他性很强，没有太多参照标准，但求不失闲情逸致。经常会有许多关注杭州的同仁和各地媒体向我提及杭州同仁如陈林、陈奕文、沈雷、孙云、金捷、张丰毅、朱建华……这些职业的杭州设计师都有他们设计以外的其他生活方式，成为酒吧、餐厅、会所、酒店、房产、休闲度假等场所投资的把玩者，各自精彩。很难想象一座精致的风景城市会诞生

一个几百人的室内设计大院。杭州的学会组织也比较松散，不像其他城市的学会那么容易一呼百应，我觉得这也是一个行业在一个进步城市中的成熟体现。对设计创意而言，群体不再是一种力量；团结，也不再简单地表现为盲目簇拥。杭州，包括北京、上海等一线城市的设计师往往自主性很强，甚至可以选择客户，体现出在文化与经济共生共存的环境下业主对设计的尊重。

近几年我曾有幸与十几个内地城市的同行同仁作了交流，他们历史文化与杭州一样骄傲，设计者的勤奋与创意亦不分彼此，当涉及行业现状和区域特性，大家难免有许多共鸣。其一，一个城市沉淀过重会难显轻松，强调文化历史的使命过强，反而被传统束缚了手脚。当代人除了尊重过去，更要面对未来；其二，经济发展是话语权，只有经济发达的地区才能支撑创意地位的可能。反过来，设计才能推动经济；其三，依托当地政府力度和区域文化氛围等诸多创意环境，杭州的设计形态假如像王受之老师所言整体上走在全国的前列，我想这也并非是一个偶然的现象。当然，相信这个记录是暂时的，因为我们已强烈感受到其他前进城市中突飞猛进的设计步伐。

沈立东（上海现代建筑装饰环境设计研究院有限公司 董事长，CIID 副理事长）

读了王老师的文章，觉得他关于设计在不同城市发展状况的分析还是比较透彻的，但他对设计水平的排序我觉得还是缺乏依据性。我是很担心把城市分为一线二线三线的分法，说服力不强。比如把杭州列为第一，个人看来，杭州城市规模毕竟还比较小，虽然有得天独厚的自然条件，这两年城市建设发展也很快，但真正的标志性的项目还是没有的。

其次王老师还谈到了中国量化标准的欠缺，我很赞同"功能化"的提法。这涉及我们设计师的职业道德，不要片面追求形式美，把功能放弃掉了。我们做的事不是艺术，是工程，功能是第一位的，这可以说是全球统一的标准，但是，中国还是一个发展中的大国，不一定要强求过分的模式化、量化。像文中说到的开关、水龙头设置不合理的情况确实有，但我觉得没必要统一，还是百花齐放比较好。就让各种思维不断碰撞，在发展中自然会形成一些共识，会慢慢总结，最

后有评审权或决定权的还是市场。比如宾馆，太超出常规、不符合中国人习惯的地方人们自然就少去了，客人少那就自然要改造了嘛。功能合理的情况下我觉得怎么创新都是可以的。

很有意思的是王老师谈到的不同背景的设计师的一些设计特点，我也深有同感。我自己也是学建筑出身，这些年观察下来，我觉得建筑学背景的室内设计师空间感都不错，但可能对材料、色彩、肌理方面欠缺点；艺术背景的设计师设计第一感觉很热闹，很花哨，堆砌符号比较多。这里花哨倒不是贬义，因为实际上有些商业空间的寿命就是很短暂的，一个餐厅说不定两年就要翻新了，就是要视觉冲击力，用最短时间吸引客户。所以我估计可能一些办公空间的室内，由建筑师做基本上都能认可，而餐饮娱乐空间还是艺术背景的设计师做的比较受好评。所以我觉得今后我们行业学会需要想办法，怎么把两方面的优势结合起来，让建筑师更懂得一些细部的处理、材质的运用，让室内设计师更懂得一些空间的概念。

由此可以引发一个讨论：到底我们评价一个室内作品的好坏有哪些标准？这真的很难。如果就这个问题讨论人家可能首先就问，你说的到底是什么室内作品？大剧院和小卖部处理手法都是不一样的，如何评价？我觉得加强交流是很有必要的。目前行业学会也致力于为大家提供更多交流的平台，像今年的室内设计年会，参加者的数量很可观，讨论气氛非常热烈。希望今后嘉宾档次可以再提高一点，多请些大师，并且给设计师更多机会发表自己的看法。

苏丹（清华大学美术学院环境艺术设计系 主任）

从设计的一个表面现象来看，我们在一些重点项目，特别是国家给予厚望的公共建筑上，下了很大力气，效果还不错。但只要稍微一放松，整个品质就会比较低，而放松的状态可能才真正表达了设计群体的常态。更何况，我们即使是一些被媒体认同的项目存在的问题也是很多的，到目前为止中国设计界的主流还是用视觉标准来判断的。作品往往以平面方式展现出来，可能很多人看了就自信了——中国的东西和国外差不多嘛！但其实空间还是该身临其境感受一些细节。设计界普遍心态也有问题，主要是表现过度。可

能也是出于业主要求，多余的东西做得太多。

设计作品水平不高，一线设计师往往把责任推到业主身上，但反过来设计师为什么没有对自己提出批评呢？总是自我表扬多，甚至批评是变相的表扬。我觉得这个问题涉及到文化，中国固有的文化里有相当一部分消极的因素，比如江湖习气、互相捧场。包括很多行业的协会、学会，这种习气也不能说没有。目前在传统文化比较消极的架构上又增加了当代文化在没有成熟的情况下又被商业所驾驭造成的问题。在这种鼓励与自我鼓励的氛围里，设计师已经身陷谜局，难以自拔。我想这些问题可能有的要几十年才能解决。

我们的设计教育也是一样，也存在文化背景的问题。而特别大的一个误区，也是完全用视觉解读，把视觉变成教育的一种标准。视觉是非常主观的，也许从人的使用行为出发解读设计更合理，也许从设计产生过程中会建立很多标准，但是这些标准在我们的设计教育和评价体制里都没有。我现在迫切感觉到艺术院校的设计教育还是要建立一种理性，我觉得理性是真正能推动社会和人类进步的一个良好习惯。理性会让你不停反省，自我修复，这在设计的文化里是很重要的。

但是这些东西都没有，所以你说拿什么去指导学生呢？全部是一些片断。中国的设计一直停留在表层。没人愿意从根本去解决，因为要付出很多东西。这么忙，机会这么多，大家不愿意做。这就形成模式，并且影响教育。人们是不是真的会去追问设计的存在？我觉得一个真正的批评者应该去研究我们对设计最根本的原点的思考和态度问题。我们很少对一些经典设计进行仔细思考，摸索其如何得来，可在意大利，米兰理工有一门课是专门讲这个的。据说那些老教授一讲七八个钟头，而且是最受欢迎的。这又反过来说明我们的设计师，或者不愿意思考，或者没时间思考，这种东西如果不扭转是非常恐怖的。我个人只能努力至少在教育里树立理想主义的样板，来抵制学生中大量存在的机会主义心态，对他们的价值观产生一定的影响。我想，即使他们将来遭遇挫折，这个东西也可能不会死掉，那就有希望。

张伏虎（西安交通大学人文学院艺术系 副主任）

看了王老师的文章感觉有很多认同的地方。

尤其他讲到量化的问题，对室内设计是很有意义的。这种重视觉忽略功能的风气导致了很多问题，特别可以在设计评奖中体现出来。我也经常参加一些评奖，和设计师基本不照面。那么靠什么评？基本就是靠展板。而如何评判作品的好坏？基本就是看效果。整体效果做得不错，方案上的一些视觉效果做得不错，就能评上奖，很少有从工作过程中分析的。有些可能从人性化的角度来看，使用上不是很合理，可是也都被忽略了。不是说评奖的评委什么都不懂，而是这种比赛的形式本身就无法体现这些工作，也没办法让人判断。项目方案又没有交付使用，你怎么知道实践起来会出现什么问题？只要在视觉上面，比如说主题创意上，觉得有意思，能带来视觉上的冲击，也就得到大家认可了，甲方对这个也感兴趣。实际上如果要真正负责任地评奖，应该深入到工程或完工现场去查看，这样的判断才能更理性。到时候就会发现，有些方案在实际操作过程中会出现这样那样的问题。现在的奖项大多还是基于图片，而不是人实际的感观。

我感觉国内大家都开始注意到功能使用的方面了，现在急需出台一个规范性的样本，大家可以通用的。这可能需要相当长的时间，但最起码大家必须这样开始去做，否则将来会存在很多问题。同时也不能一味依赖政策，还要从源头抓起，主要还是从设计师做起，包括和材料商应该也有沟通。设计师选用的一些材料都应该严格符合规范，安装的时候也应该规范化。

我在带学生上课的时候，也经常讲这些问题。尤其没做过工程的学生没有实践经验，更要及早树立这种观念。实践经验丰富的人都会意识到这方面的不足，都会想方设法朝注重功能这个方向努力。作为老师来讲，必须要不断向他们灌输注重功能这个观念。一个作品首先是要满足需求，如果连基本需求都不能满足，就算做得再好看也不可取。我相信，就如同王老师说的，只要大家都去注意，完全能够做到的。

张晓莹（成都多维设计事务所 总经理）

我曾经写过一篇《中国室内设计主流观五批判》，谈到中国室内设计的主流观念有五个误区：一，"艺术立场的室内设计观"，认为室内设计是艺术，我则认为室内设计只是带艺术性质的服务；

二，"业主无理，创作无罪论"，认为商业设计业主总是改方案，他们不懂艺术和美，我则认为业主总改方案，是因为设计师没有满足客户的需求；三，"家装设计师职业道德质问"，质疑家装设计师大量复制抄袭，灰色收入，普遍缺乏职业道德，而我觉得家装行业素质低，不是家装设计师的问题，而是市场规则和设计师地位没解决的问题；四，"中国无设计"论，认为中国室内设计师缺乏创意，也出不了室内设计大师，而我主张中国不缺好设计师，而是缺乏市场环境和正确的设计方法；五，"清理门户论"，认为中国室内设计界需要正规血统的精英，要提高行业门槛，我则认为，中国室内设计界的繁荣和发展，靠的是大量草根设计师们的努力和推动。现在看到王老师的文章很欣慰，因为我们有很多观点还是比较一致的。

这里要谈一点不同看法。王教授对于中国室内设计水平的地区分布列了一线、二线城市的差别，并作了点评。那如果以现行的价值观标杆来看他的分法有其道理，可是我试图提出其他的价值评价方法。我们现在充斥室内设计界的价值评判体系实际上是一维的，而且这个一维还是个怪胎，它是"审美仰望美国，教学来自前苏联，自卑于邻邦，自大于消费者，建筑屋檐之下，艺术情结之中，追求视觉，忽略需求，不管方法论，乱套世界观"。我认为，室内设计价值体系应该是多元的。在满足功能需求的基础上，我们也可以有另外的评价标准，比如生活方式、地域文化、流派与设计师的结合是否恰好，是否合适。

我看到的成都、昆明、西安、长沙、沈阳、新疆乃至丽江的设计，我一点都不觉得这些地区的设计师应该被评为二流或者三流。他们当中有一批人不盲从主流城市设计审美标准，用设计维护自己此身此土的文化和生活方式、价值观。这次王老师把杭州列为总体水平第一，我也很欣慰。我认为杭州设计优秀的重要原因在于地域性的非主流文化保护：杭州有好的设计市场、设计客户，杭州设计师有好的心态和素质，杭州的设计师在做杭州的设计，做出来很杭州，所以很世界，所以就是第一流的。我们的主流城市占据了很多资源，但大量的设计作品很相似而表面化，而且这种已经开始审美疲劳的相似废品正被传播给更多的所谓二三流城市。杭州不买这个帐，杭州就出头了。我相信中国将来的设计评价标准将是多样化的，而不再会是以"大，贵，奇，炫，中心，主流"作为标准。

林学明（广州集美组室内设计工程有限公司 董事长、总经理，CIID 副理事长）

我个人最近特别有感触的是，目前国内不管建筑师还是室内设计师都不太重视绿色、环保——这个人类面临的重大问题。这种忽略体现出全社会的价值取向存在很严重的问题，特别目前大家都觉得中国处于"盛世"，喜欢张扬、表现一种物质上的奢华。其实我们国家现在的人均 GDP 只有 2600 美元左右，像日本已经超过3 万美元，可也没像我们当前消费主流所表现出来的对物质那么无止境的追求。我们在建立节约型社会的心态方面，设计师首先就没有建立起来，而国内消费者对这方面的判断又比较弱，都是跟着消费主流走，看见酒店里怎么做他回家也要怎么做。

就像王老师说的，我们很多室内设计师把空间当作一种架上艺术在做，到处都堆砌一些符号，到处都是表现一些所谓的文化，忽略了人的生活真正需要些什么？什么样的环境、居家条件是最符合我们需求的？是精神上的还是物质上的？我觉得我们国内的设计师，不管是对西方文化的模仿也好，对东方古老文化的传承也好，都过多地追求形式。其实这些符号形式除了影响视觉以外，我看并没有带来太多精神上的享受。现在其实如果要解读什么文化，已经有太多媒介了，不需要再通过建筑、通过墙面、顶棚或者家具去理解这么一种文化。

国内的这种"盛世"思想现在真的是太严重了！我们几百年来没有富过，现在富了，恨不得全都张扬出来！过去有了钱盖庙，现代人也没有什么信仰，有了钱就贴在家里面，堆在厅里、房里，其实已经成了一种对物质的滥用，对自然资源的无谓消耗。这种过度装饰、过度宣扬一种文化符号，我个人认为是不可取的。我从五六年前开始就在批判这种状态，当时我就讲广州设计缺乏一种理性。我们设计要解决什么样的问题？把这个解决好就可以了，除此之外可能很多都是多余的。作为设计师，在选材方面我们就不应该主动去选

择一些耗材耗能大的，特别是一些过重过厚的实木，就为了讲究所谓的真材实料。我们设计就是要恰到好处，因为这种物质的追求是无止境的，如果大家都这么追求对自然资源来说是一种巨大的浩劫。现在很多精英分子都在追求这些东西，对社会来说实在是一件恐怖的事情。这方面我们可以看看北欧是怎么做的：北欧人口那么少，森林资源那么丰富，可他们是最早研发采用三合板、五合板的，并且推广到全世界。他们的家具设计也都非常轻便、合理，我觉得这值得我们好好思考。在做设计的时候多考虑考虑怎么能使耗材尽可能少，怎么尽可能地采用可重复利用的材料，怎么在设计中实现可持续发展……如果我们设计师不做这个工作，消费者就更没有这个意识了。

姜峰（J&A 深圳姜峰室内设计有限公司 总经理，CIID 副理事长）

王受之老师应该说是一位文笔比较犀利的设计评论人了，他对中国室内设计的很多看法我认为也是说得很到位的。其实中国室内设计经过了 30 年的发展期，大家也都在谈论这个问题。所谓三十而立，一个人年轻时可以去拼去抢，到了 30 岁以后应该要稳定下来了，认真地去做一些事情。室内设计也是一样。那么接下来的 30 年应该要怎么去做，我觉得是该认真反思，去考虑怎么把中国室内设计这个行业做得更好了。

从王老师的角度考虑，他对中国室内设计有这样的一个评价，我觉得每个人可能对此都有自己的主张。其实我觉得室内设计可能更多地是一个"泛时尚"的环境艺术或者说室内艺术，从某种程度上来说是要跟国际接轨的这么一个艺术形式。它不可能独立于国际而只停留于我们自身，它毕竟不是民族工艺，最早也是从国外发展来的。发展到现在我觉得不是要更多地探讨什么主义之类，而是要考虑怎么样与世界接轨，在国际上来说大家能在同一个平台上交流。比如英语现在可以说是国际公认的一个交流语言，你可以说我的印第安语、毛利语是最好的，但你不能否认英语才是国际交流的主要语言。所以我想室内设计也是一样，我们必须要有一个国际上公认的占主导地位的一种设计思想、设计流程、设计管理，

这样才能与国际有交流的平台。至于风格，我觉得是具体到某一个项目，出于设计师的个人喜好或者项目需要再具体探讨。

我个人不太赞同王老师对地区设计水平的分类。我觉得其实设计师有很多种，像王老师可能就属于做教学研究的，我们可能属于实践型的。实践型也分很多种，做文化类建筑的、做商业类建筑的、做酒店类建筑的等等。至于好不好，首先要看这个设计师在他自己的领域做得怎么样，标准是不同的。像王老师谈到杭州设计师做东西文化性比较强，我觉得这可能是杭州设计师做了不少典型的美术馆一类的文化建筑，这类项目的设计就要求一定的文化性；那如果做一些商业类的建筑，像酒店、商场，就要把商业类建筑的特点充分表达清楚。但不能说这类项目不具有文化性，档次就低。能否认SOM、KPF在行业内的业绩？他们就是完全在做一些商业性的建筑，跟扎哈他们这些做一些很个性东西的人就是不同。分类标准不同，导致我们不能用一种标准衡量哪一类、哪个地区做得更好。

另外王老师提出的关于设计的功能性的问题，我觉得这确实是建筑和室内设计的重要组成部分。但就现在这种发展变化来看，我也接触了很多酒店管理公司，感觉还是很难统一起来大家必须要怎样怎样。我觉得只要能够满足功能需要，符合人的生活习惯，就可以了。

洪亚妮（深圳厚夫设计公司 执行总监）

王受之先生的文章中评价各一线城市当地设计师的设计水平，不过没有更多解剖关于设计服务的问题。有江浙地区朋友的项目几乎都放在杭州委托设计，他很欣赏杭州的设计师生活状态，私下里与他们都是好朋友，但每次做项目都会很生气。我问为啥，他说服务老脱节。王老也好，朋友也好，观点的形成介乎他们各自所接触的范畴和领域的差异。

但我私下里还是很认同杭州部分设计师随性的生活状态，我同样认同深圳设计师的执着认真，还有那份根植于这块土壤的强烈的服务意识。与深圳本地媒体交流的时候，有这样的观点，深圳作为室内设计的先驱者，到如今其创意

理念的优势已慢慢被淡化了，江浙一带的设计师借助其文化底蕴和乐活精神，不断在发酵着让人动情的作品。对于深圳，在最深刻地经历了行业的磨砺和成长之后，建立完善的项目控制机制和成熟的服务体系成为行业的共同目标，也许这是我们新的热点。作为深圳的设计师是幸运的事，受益于本土完整的产业链优势（建筑、景观、室内、模型、顾问服务、产品基地等等），市场是全国的。假如善用背后的资源，将所有的链接狠狠地扣起来，设计师的平台将会更高。也许，不同地域的设计师带给我们的启迪，那就是回到自己的生活。深圳并不是所谓的文化沙漠，这块土壤孕育着包容和进取，这块土壤将机会留给努力而坚持的人，这块土壤让人们感恩并富有奉献精神，30年高频率的节奏成为这个城市的惯性，危机与进取始终是所有年轻人的使命，深圳就像一块巨大的海绵，在不同的阶段贪婪地汲取着不同的营养，永不自负。这就是深圳的文化。

地域间的交流和沟通，可以让我们更为清晰地界定自己，不同地域借助其文化特点去张扬自己的优势，并勇敢地整理自己的缺失，吸纳对方的优点，这才是行业真正的成长。一直很认同中国古钱币"外圆内方"造型所蕴含的哲理：有了内在的方寸，才有外在的圆融。对于设计，设计服务，也是这样。空间的功能摆渡是设计师个人功力的体现，空间的情绪传达是设计师文化积淀的成果。我想这应该贴近了王老的意思。补一句，空间的完美实现是不同团队的紧密协作互动的结果。

康拥军（乌鲁木齐大木宝德设计有限公司 总经理）

我觉得王老师是站在一个国际化的角度上看问题的，往往会看得更明确一些。我个人感觉，中国的设计站在一个国际化的角度上看确实还是很弱的。当我们的视野只局限在国内时，反而容易看不清。我们应该脱离自身去看一下自己在世界上是怎么样的排序，有怎么样的特性，这样才能对自己有比较客观的了解。

中国室内设计作为一个行业，发展到今天，首先解决的应该是一个功能问题。设计师的价值应该在哪里？首先应该是解决问题，解决完了

问题才是在精神层面给使用者带来效果。设计师应该先建立对本身工作的一个客观理解，工作才能做到位。如果连自己是干什么的都不能认清，那么就会出现一些很荒谬的现象。

另外，我觉得国内设计行业目前确实存在一些盲点，有的设计师做的太形式主义了，有的建筑师又太实验了。我们这个社会是需要设计师来提供一些雅俗共赏的、切合老百姓生活的、解决基本问题的一些设计，这个应该是设计师的社会责任。行业本身的特性是为了解决问题才去做的，同时我们不反对进行一些实验性的探索，这样对一个行业的健康发展是很有必要的。如果能同时注意这两点的话，可能对整个行业发展是有好处的。

然而，现在我们国内设计行业的价值取向系统是比较混乱的。比如我们每年评选的奖项中，往往不管项目是实验性的还是具有现实意义的，两类作品都放在一起考量。这些项目的目的都不同，放在一起考评就要有一个统一的标准。就像我们考试，就要有一张统一的考卷，如果高中初中或者不同科目放在一起考，谁得最高分谁得第一名又有什么意义呢？我想评奖的机构还是需要将这两类设计分开了考虑，避免现在的混乱状况。

再者，对于国际化我也有点担忧。我们这一代的设计师在教育程度上、在美育上、在大环境上很多都有缺点。甚至我上学时候的好多老师都不懂这个专业。我们中国设计师为什么抄袭别人特别过瘾呢，就是因为我们大多是无师自通的。如果我们都有系统的学习经历和价值体系，人家让我们抄我们还要抵触呢。举个例子吧，菲利普·斯塔克的"兰会所"刚出来一个月，广东就有个设计师做出来比"兰会所"还要奢华的作品，因此他还获得一个什么奖。国际化的价值取向我们应该了解，也应该将自身融入这个系统，然而我们更应该注意这个系统背后的文化背景。反过来，又可以给我们自己的工作起到一个指导作用。我想我们中国的设计业的成熟发展还需要很长的时间。我们不是靠一两个人的英雄主义，做出一两件出色的作品，就能拉近与国际先进水平的差距，应该是整个群体都达到了一定水平后，才能意味着一个新时代的到来。■

卡洛·斯卡帕：艺匠如斯
谨以此文献给斯卡帕逝世30周年祭

撰　文 ｜ 张昕楠
图片提供 ｜ 张昕楠

■ 序

"在丰沃的土地上，漫溢着笨重的蜗牛，我要为自己挖下一个中空的墓穴。而后，将我的躯体轻松地伸展开来，继而睡去，一种在微波中悠然的忘却。"

——波特莱尔

1978 年 12 月冬日的意大利圣维托乡村公墓，身着日式和服的卡洛·斯卡帕安详、静逸地躺在一个简单的木质棺椁中，在白色丝带的缓缓牵引下，棺椁被埋葬在了布利昂家族墓园与公墓之间一个隐秘的转角处。这处凹入的空间，正是斯卡帕设计家族墓园时为自己预设的墓地。而自埋葬的那一刻起，他将永远地沉睡在这里，陪伴着家族墓园——他以极富个人化的手法写就的最富诗意的作品……

■ 场所和思潮的影响

1906 年 6 月，卡 洛 · 斯 卡 帕（Carlo Alberto Scarpa）出生于威尼斯，并在威尼托大区（Veneto）这片土地上度过一生。他的生命中充满了对这些场所的记忆。从帕拉第奥古典的维琴察（Vecenza）到东西方文化交融的威尼斯（Venice），这一系列物理的、有形的、不可重复的场所组成了对斯卡帕产生影响的一连串相互作用、仪式性的空间。而威尼斯美术学院、现代主义建筑的新思想、日本风和 20 世纪初涌动的各种建筑、艺术思潮和流派则构成了斯卡帕的文化记忆。

■ 场所

斯卡帕的出生地威尼斯及其后生活过的维琴察都隶属威尼托。威尼托地区的建筑在意大利现代理性主义建筑的全景中显得那么特别，现代建筑并不会同原有的历史建筑传统相矛盾。斯卡帕的作品确实是对这一文化传承的最好实例，他发起了一种同新的设计源泉——现代建筑和抽象绘画及伟大的威尼托传统之间显著、连续、强烈的对话。

斯卡帕自 2 岁时便随全家搬往维琴察，并在那里度过了童年。这座帕拉第奥的城市带给了他更多的最初记忆。那座位于城市郊区的圆厅别墅（Palazzo Chiericati），城中心的绅士广场（Piazza dei Signori）都是小斯卡帕嬉戏的场所。帕拉第奥营造的古典氛围帮助斯卡帕形成了对建筑最初的认识，塑成了他对古典建筑的朦胧记忆，以及对于古典建筑材料特性的喜爱。当成年之后的斯卡帕搬回维琴察居住时，人们偶尔会在夜里看到他徜徉在古典的街市中，在月光的沐浴下凝视、抚摸帕拉第奥建筑中那些精心选用的材料，仿佛是在同它们呢喃私语。

1919 年由于母亲去世，斯卡帕随父亲搬回威尼斯，他一生中的绝大部分时间都是在水城度

过的，尽管后来他因和威尼斯建筑界的恩怨而出走，尽管他曾明确表示对这座城市充满了憎恶，但水城却给了他和他的设计作品最为深远的影响。曾有人评论说"斯卡帕作品的一切就是威尼斯的一切"，也正是威尼斯的一切成就了斯卡帕的作品——威尼斯带给斯卡帕关于空间场所本质的注释和对于历史的解读；他对于光的营造、对于色调的把握，是威尼斯文化艺术和他那种视觉训练完美融合的结果。威尼斯的建筑、艺术甚至是日常的设计都充满了精制的细节，这些经由斯卡帕对审美的敏感和对地域文化的坚实根基融合成他自己的语言，形成当代的表述方式——"将惰性、僵死的形式经过同材料、空间、时光的机敏的对话焕发出生命。"（Judith Carmel & Arthur, "Carlo Scarpa, Museo Canoviano, Possagno"）

■ 思潮

1920 年开始的威尼斯皇家美术学院学习生涯让斯卡帕对建筑真正发生了兴趣，在那里的学习不仅使斯卡帕掌握了古典的技法，还塑造了他看待事物的审美方式和对视觉艺术的无比重视，将他培养成为了一个视觉图像信息的鉴赏者和收集者。他对于自然、艺术的细微观察正是得自于学院的学习，他的学生萨尔吉奥·罗斯曾评价，"正如同他对丰富建筑材料的敏感把握一样，对于自然、艺术的细微的观察也是斯卡帕的一个重要特点。学院的训练使得他以一种画家般敏感的艺术眼光来看待事物。" 斯卡帕那种对于视觉艺术的重视、对于装饰的热爱也正是他表现主义的热情的源泉，而这些正是学院新古典主义和后巴洛克风格的氛围予以他的馈赠。

在美术学院读书的时期，他接触到了"新艺术"运动的思想。同维也纳的毗邻关系，使得威尼斯的建筑、文化气氛难免会受到当时维

也纳分离派的影响，而"分离派"正是奥地利的"新艺术"运动。对于"分离派"领袖——瓦格纳(Otto Wagner)的关注将斯卡帕的兴趣引向了霍夫曼(Hoffmann)、麦金托什(Charles Rennie Mackintosh)和路斯，这些人的建筑思考集中于构造、技术、工匠的技艺和材料，以此寻求一种以传统工艺进行现代建构的出路。正是在这种思想影响下，斯卡帕开始了对于传统建造工艺和工匠技法的重视。

斯卡帕通过书籍、威尼斯双年展和他结识的艺术家、知识分子朋友圈子不仅了解到"新艺术"、"分离派"运动的思潮，也接触到了现代主义建筑的思想。密斯·凡·德·罗、阿尔瓦·阿尔托和路易斯·康等人都是他极为欣赏的建筑大师，而对他影响最大的还是勒·柯布西耶和赖特。在一次讲座中，他曾提到："我很幸运地读到了一本名为《走向新建筑》的书，不用我说大家也都知道作者是谁。这本书打开了我的精神视野。实际上，这是你们所谓的'启蒙运动'在我身上的体现。我的世界观从那一刻起彻底地改变了。"虽然从建筑的表面形态上很难将柯布西耶与斯卡帕联系在一起，但柯布的模矩系统、几何、流动空间和混凝土新材料建构等现代主义的精神已经注入到斯卡帕的思想中。这一新思想在1931年斯卡帕为《论坛》(La Tribuna)杂志的投稿中极为清晰地展现出来。这篇文章包含了一段跟随斯卡帕一生，并且成为他创作宗旨的观点："历史总是跟随并且在不断为了迈向未来而与现在争斗的现实中被创造——历史不是怀旧的记忆。"

如果说柯布西耶赋予了斯卡帕新时代的精神和对于新材料的信心，那么赖特的作品则为他带来了建筑句法上的参考和建筑诗意情感的共鸣，而且这种共鸣可以用狂热来形容。当斯卡帕最初通过德文杂志上的照片接触到赖特的作品，他感受到了一种前所未有的震撼——"赖特的作品真正使我痴迷。我从来没有过那样的感受，那就像是一股巨浪席卷了我。在我的一些住宅设计中你可以看到酷似赖特的一面。我被赖特深深影响了。"在整个20至30岁期间，斯卡帕的穿着都有意模仿赖特。而在20世纪30年代末期，经过了布鲁诺·赛维在意大利本土对赖特的宣传，其有机建筑理论受到了斯卡帕更多的欣赏与尊重。赖特之所以引起斯卡帕的痴迷，在于他的作品中表达一种全新的表现手法，一种由现代艺术所传播的对于新空间概念需求的建筑回应。同时赖特作品中的诗意形式也使斯卡帕领悟到建筑如同诗一般充满情感表达的境界。虽然在形成了自己的装饰语言与风格之后，斯卡帕曾坦言"我一点也不喜欢早期效仿赖特的那些住宅作品，因为一个人不应该如此毫无羞耻地模仿。"但在斯卡帕建筑的细部几何图案处理方式、建构、空间感的组成以及作品中所流露出的诗意情感中，还是能够看出他和赖特近似师承关系的渊源。

对于赖特的仿效同时将斯卡帕的兴趣引向了东方文化特别是日本建筑文化上。斯卡帕一生中曾五次到访日本，简约和精致装饰体现出的艺术美感，空间中体现的精神和哲学向度(禅)，自然材料交接的精美表达，建筑中对光线的敏感处理……斯卡帕从日本艺术和建筑文化中获得了无限的启示。他认为，"现代性的格调源自日本，无尚精致的日本风、简约的装饰形式、庭院中景观与建筑空间的融合，表达出一种难以超越的自然性，不同于西方图解式的设计处理。"这一不同语境下的反思，使他找到了一种将文化语汇转换成建筑形式的方法，以一种融合古典、现代和日本风的方式形成了自己独特的建筑、艺术文化思想。

I｜2 3 4 5

| 1 | 3 |
| 2 | 4 |

1　玻璃艺术品的烧制 © Electa
2　斯卡帕设计的玻璃工艺品 © 苑思楠摄于威尼斯
3　15 世纪墨西拿及西西里绘画展设计草图 © Electa
4　15 世纪墨西拿及西西里绘画展模型 © 张昕楠摄

艺术化的设计经历

玻璃工艺品设计领域的最高奖项玻璃工艺品设计三年展艺术荣誉大奖(Diploma d'Onore 1934)、《15 世纪墨西拿及西西里绘画展》(Antonello de Messina & Quattrocento in Sicily in 1953)带来的万人空巷的观展效果和意大利建筑界的最高奖项奥利维蒂建筑奖(Olivetti Award in 1956)……这些授予斯卡帕的褒奖与赞誉毫无疑问是对他设计作品的称美,同时也标示出斯卡帕在设计生涯中从事过的 3 个领域——玻璃工艺品设计、展览展场设计和建筑设计。

玻璃艺术品设计

"从学院毕业之后,我在穆拉诺岛上的一家玻璃工艺品设计公司得到了一份工作。我学会了用一种非常奇妙的材料进行创作。直到现在他们还时不时邀请我设计一些玻璃艺术品。我了解玻璃这种材质,而且我也知道用它可以创造什么。我喜欢这种工作。"

——卡洛·斯卡帕

在 20 世纪手工艺制造逐渐被机械生产所噬没的时代中,威尼斯的玻璃工艺品制造无疑是少数没有受到这一冲击的行业,玻璃工艺制品的生产仍需依靠传统的玻璃吹制方法。斯卡帕设计的玻璃工艺制品正是遵循了这种"旧"的玻璃制造工艺传统,并且将现代艺术的"新"精神融入到作品的艺术表现中去。

如同建筑设计一样,玻璃工艺品的设计也要依据事先绘制的草图进行。斯卡帕在草图的线条中显示出了他对现代艺术的极大兴趣:斯卡帕研究了当代表现主义艺术的风格,学习了马蒂斯、毕加索和莱热的构图方法。这种研究和学习促成了他发展出带有意大利风格的独特艺术形式。斯卡帕这种将现代艺术转化为自身表达语言的"转译"试验也成为了他此后在建筑设计时使用的方法。

尽管设计草图是事先做好的,但它仅仅是整个创作过程的一个开始。玻璃凝固的瞬时性要求创作者对所有的偶然性都要作出迅速、果断的决定。为了达到设计意图,斯卡帕必然要在玻璃烧制熔炉旁和工匠们一起配合,同时对他们的工艺和技术方法有一个全面了解。由于这一经历,斯卡帕与一些工匠形成了良好的关系,并从他们身上看到了卓越的经验和技术。之后当他开始建筑设计的时候,他仍然维持着同工匠们这种相互配合的关系。对斯卡帕来说,建筑并不是由建筑师设计好后交由工匠实施的,而是一个同工匠紧密协作、共同设计的过程。实际上,经常为斯卡帕

工作的工匠们都把他叫做"在我们身边工作的"。工匠的技艺是帮助斯卡帕培植其独特想像的基础,他充分利用了工匠们的技艺来将他的想像转化成现实。在他进行玻璃设计的伊始,他就开始选择了这种将设计与工艺调和在一起的做法。

同时,玻璃对于光线丰富的反应——不同的反射、折射效果带来的色彩的变化,也使斯卡帕受益匪浅。他在那里发展了捕捉光线、产生暧昧反射光的材料、工艺技术,并使用不透明玻璃和材质本身的厚度来柔化光感。正是这段玻璃工艺品设计的经历造就了斯卡帕对于光线的敏感把握,并将这种敏感注入到其后的建筑设计中,所不同的是,"他的玻璃艺术品是一个通过削弱光的透明性将玻璃器皿表面的光转化成如同雕塑一般量体的过程。而他的建筑完成则是通过光的透明性和形的控制将光线转化为空间量体的过程。"(Carlo Bertelli, "Light and design")

1951 年,赖特来到威尼斯。在穆拉诺岛的玻璃工艺品展场上,赖特在不知作者的情况下挑选了 6 件他最喜欢的作品,那是一个完美的选择——其中的 5 件作品出自于斯卡帕的设计(其中的一件酒杯是斯卡帕最后一件玻璃设计作品)。在近 20 年的时间里,斯卡帕将对玻璃的理解和艺术感悟同穆拉诺岛上富于艺术敏感和激情的玻璃工人一道转化为了不朽的艺术。

展览设计

"艺术作品的美学特质同时由她的创造者和展示、维护者所共享。艺术作品的内涵是其创作者的艺术表达,其外延是世人的诠释、理解以及维护和展示。"

——海德格尔

展览设计是斯卡帕继玻璃工艺品设计之后其设计生涯的一个重要章节。他的展览设计为海德格尔的评论提供了完美的注解,因为斯卡帕设计出的展场从来都不是一种客观的陈述,而更像是一篇经由空间写就的艺术评论。

斯卡帕对展览设计的兴趣最早来源于 20 世纪 30 年代随卡帕林玻璃工艺品设计公司参加玻璃工艺品展的经历。曾有人回忆道"当时年轻的斯卡帕总是喜欢站在布展人旁边,好奇而又谦虚地观察他们的布展方式。"而同时期斯卡帕进行的室内设计和商店展示、陈设设计经历则为他以后的展览设计提供了必要的经验。

从 1928 年为卡帕林玻璃工艺品公司在蒙扎(Monza)"第 3 届装饰艺术展览会"上设计的展

位到 1978 马德里"卡洛·斯卡帕"作品展,他的展览设计涵盖了建筑、艺术、文化等多个领域,更曾为深深尊敬和喜爱的赖特、勒·柯布西耶、霍夫曼、瓦格纳、朱塞帕·萨蒙纳、杜尚、保罗·克利、蒙德里安、孟德尔松、马提尼、马利奥·德·鲁奇等多位建筑、艺术大师设计过展场。

在为 1953 年的墨西拿油画作品展进行的展馆设计中,为了削弱旧市政厅中直射刺眼的阳光给人带来的糟糕感受以及来自不同年代展品间的那种无关性,斯卡帕以悬浮的白色的帷幔和满铺于地的象牙白色地毯布置在整个展示空间之中,这一处理也将隐匿、温和的古老建筑转换成简单但却又散放着文雅、庄重和美丽气息的展览。当阳光透过织物,漫射的光线似乎是由织物上散发出来的一般,给人以可供抚摸的感受。柔和的光线和白色圣洁的空间背景赋予展品一种飘浮感,使它们成为了空间中的焦点,加强了人们停留在这个空间时对于展示物的全新感受。光线由光源的位置安排或是经由中介物的吸收或反射,被微妙地调整着。而每件展品都以适当的角度被安置在它"该"出现的地方。展品、陈设、空间、光线——经斯卡帕之手调配出的这些展览要素的完美组合为这些古代艺术品注入栩栩生命,它们带给观者心理与生理的全新体会和感应。在展览开始后,许多观众在进入大厅看到《报春图》《圣母怜子图》时竟然被感动到无法前进,展览所在的城市达到了万人空巷的效果。之后,当地所有的报纸也一直推崇这次展览,有些甚至抱怨这个展览的城市过于遥远而造成的交通不便。

在罗马的"蒙德里安作品展"中,斯卡帕使用蒙德里安于 1921 年创作的《红、黄、蓝的构成》系列中的一幅为底稿,通过展板对画廊原有的空间进行分割,达到了一种同原作构图相同的展览路径空间。这种在空间上复制艺术构成的方法,打破了原有空间的单一和乏味,带给空间一种动态的流动性,将展览空间同艺术作品融合为一个和谐整体。

展览设计的核心问题便是如何以正确的方式将艺术展品陈设在适合的空间之中,而对艺术品的理解则更成为了展示表达方式正确与否的前提。某种意义上,展览设计者也等同于艺术展品的守望者和艺术家。在 50 年的展览设计生涯里,斯卡帕扮演着艺术家和艺术守望者的双重角色:因为他懂得如何接纳,如何以他精确的判断力去迎颂每一件艺术品。他通过展览的设计去追寻和译解存在于每一件作品中哪怕是最细微的艺术内

涵。这并非仅因为斯卡帕是艺术的守望者,而是因为他知道:理解一个作品艺术的奥妙就意味着要成为它的一部分。凭借着渊博的知识和艺术修养,斯卡帕总是能够对艺术作品作出正确的艺术理解。在布展前,斯卡帕常会要求亲自接触被展原作,因为他认为"我无法在不了解展品的情况下,对它做出展示设计。"斯卡帕喜欢触摸这些艺术品,将它们放在手中犹如称重一般,他不断地以多种角度细致地观察,并研究它们在不同光线角度下的"表现力",似乎没有这种视知觉的接触,他就无法设计出适宜它们的展场。而为了将作品定位在适当的位置,斯卡帕总是谨慎地忙碌到开幕前的最后一刻。在"蒙德里安作品展"中,他曾仔细研究一幅画,并花了很长时间才把它挂成菱形的"正确"位置;在威尼斯总督府"16 世纪绘画展"中,斯卡帕在开幕前两分钟仍在为重新安排几幅画的位置而苦恼,在开展的时间来临时仍有两幅画被放在地上,斯卡帕被旁边的人逼急了,竟然说:"我真的不知道把它们放在哪里,就把他们留在地上吧"。神奇的是,这两幅画最后竟然被证明是赝品。

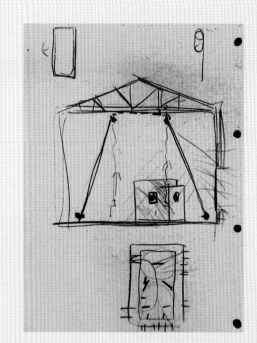

艺术品的陈设与表现方式是展示展品艺术性的媒介。斯卡帕从来不会随意地将一幅画用现成的画框挂在墙上,他针对作品艺术性的差异采用了一种三维的展示设计思考:古堡博物馆中"岛式"的雕塑站台、承托《怀子圣母像》的展墙、给画作注以飘浮感的展架……无论展架的形式如何,它们都为艺术品提供了完美的叙述方式体现出了深蕴在展品中的艺术价值。斯卡帕对于展品的合理布置超越了展架形式设计的层次,将它们看作是叙述艺术和连接展品的要素,达到了空间展示连续性和可重复性的目的。这样他成功地给予这些断绝根源的艺术片断以它们曾拥有的气氛,体现出对艺术的理解和空间融合。在卡诺瓦石膏雕塑博物馆加建部分,这一点得到了充分的表现:创作于不同时期的作品在斯卡帕的安排之下充满了一种艺术、情感对话的张力,表现出栩栩如生的美感。斯卡帕的精心布置使这些雕塑作品成为了所处空间的一部分,甚至将它们移动或是重新安置都是不可能的。

一个鲜活的作品在不同的空间、不同的时代会散发出不同的信息,斯卡帕会严肃和精心地关注展示它们的空间,使它们的全部价值得到呈现,引领人们去发现隐匿其中的艺术真谛。对于展览空间的艺术性关注削弱了建筑和被表现艺术品之间的那种非共生性,不但塑造出适宜的空间和一种可视化的构图关系,也产生一种叙述的

1 罗马蒙德里安展历史照片 © Electa
2 斯坦伯利基金会室内 © 张昕楠摄
3 维罗纳古堡博物馆 © 张昕楠摄
4 盖娄住宅室内 © Guidi Guido 摄

要素。这种要素由给定的建筑环境所提供，而且总是遵循一种整体性的艺术文化传统。他认识到必须将各种空间要素、艺术序列统合起来，使建筑的结构、体量、材料、色彩和光有力地融合在一起。而艺术作品在斯卡帕手中被假定成一种全新的复杂性，并给它们赋予新的价值内容，尽管建筑空间相对于时间往往表现出一种永恒，但在他的视觉设计改变之下又被唤出新的生命。

斯卡帕的展览设计，是他对于那种传统展览方式的一种质疑和驳斥。对于斯卡帕来说，展览远非欧洲传统文化中的那些用来盛放艺术品的仓库、厂房，博物馆空间也更不应该只是一个中性的、仅仅为艺术品提供存放之处的容器。那种方式将艺术展品生硬地堆放在空间之中，以一种毫不相干的光线去表达，就如同将珍宝放置在货架上一样粗俗。斯卡帕的展览设计开启了一条视知觉要素同建成环境融汇在一起的美学之路。正因如此，每一次展览设计都是设计师通过布展对艺术作品发表评论的机会，将全新的、始料未及的观点通过作品的呈现方式传达给大众。艺术评论家使用文字进行评论，而斯卡帕却用空间、表皮、色彩和光线讲述。他所创造出的艺术品和建筑空间的关系，使得他的展览空间本身也变成了艺术，并成为艺术品不可分离的一部分。

建筑改造设计

"我修复博物馆，并设计展览，总是在一种既定的建筑语境下工作。当语境确定时，或许它将工作变得容易了。"

——卡洛·斯卡帕

在斯卡帕进入到50岁之后，他的建筑设计生涯进入了"黄金"期。伴随着西西里地区画廊——阿贝泰利斯宫邸改造项目 (Restoration of Palazzo Abatellis as the Galleria Regionale di Sicilia) 的完成，他越来越专注于与历史有关的项目，特别是那种以现代成分唤出既存历史文脉中生命的设计。因为在这些项目中，他得以延续他对空间的评论性理解、同传统的对话以及艺术化表达。卡诺瓦石膏像博物馆加建 (1956~1957)、维罗纳古堡博物馆改造、威尼斯斯坦伯利基金会改造 (1961)、威尼斯的奥利韦蒂展示店 (1957~1958) 和博洛尼亚的伽维纳商店 (Gavina Shop 1961)，都是基于这种设计思考之下的产物。

尽管在早期的住宅设计作品中，斯卡帕尝试过以现代主义所强调的空间性去处理建筑，但其空间中所呈现出的图像艺术美感显然体现了他更为真实的兴趣——以空间表现艺术的渴望。盖洛住宅 (Gallo House) 就有着这一显著特征，它的首要特点是摒弃现代建筑方盒子式的平面布局。斯卡帕用一系列彩色的分隔墙壁矗立在纯白色的地面上，丰富和谐的色彩关系塑造出令人惊艳的空间艺术效果。这一视觉的空间图景也使

人联想到画家马克·罗斯科 (Mark Rothko)。在这个住宅设计中，斯卡帕借用了罗斯科用色如光的手法，并将他的艺术语言转译到自身的空间设计中，成功地消隐了彩色隔墙周围的物体，特别是最后面的白墙。这种方法如同罗斯科的画作一样，表现出的丰富的空间建构关系。

这种兴趣发展到后来，演化成他对于住宅空间和公共空间有意的"漠不关心"的态度。他并非将关注点聚焦在对于行为和功能的考虑上，而是偏重于空间艺术视知觉的呈现方式和那些用于家具和陈设的昂贵、奢侈的材料。在斯卡帕那里，没有赖特那种创造诗意住宅空间环境理想，也没有像康那种企图以公共空间创造出和谐人际、行为关系的重视，更没有像范·艾克 (Van Eyck) 那样以人本主义的方式在更繁复的层次上达到一种人和语境交流的思考。在那些设计中，毫无任何艺术、历史氛围作为对话的环境依据，斯卡帕的处理更像是一种个人艺术化的处理方式："他的建筑是自身艺术情感的表达，他并不在乎人们的'使用'感受，但正是因为他高深的艺术修养带来的空间艺术化表达，使得使用者在他的建筑中也能"体验"到对于视知觉艺术的感知的愉悦和美感。"(Frampton, "Study in Tectonic Culture") 住宅设计使斯卡帕意识到他的非展览、改造类建筑设计的"难度"和建造的"不可完成性"。住宅建筑设计多是基于业主的功能性需要，但斯卡帕在设计和建造过程中对艺术、细部的不懈追求和对整体和谐的高度要求使得委托任务似乎"永远"也无法完成，"对于斯卡帕来说，盖完一个住宅太艰难了，就如同给生命一个终结一样。"

而斯卡帕的那些改造设计流露出一种更为强烈的对展示真实、清晰历史和艺术的渴望。历史建筑的改造过程实际上就是一个旧有信息向当今信息的转换过程，这些信息往往来源于历史学、材料建构工艺、美学等多个层次，并因此展示出一种语境的复杂性，信息的解读取决于建筑师主观的选择。对于某些建筑师来说，这种现存的信息对创作是一种限制，但在斯卡帕看来，这种信息既是建筑既存的基础，也是推动建筑师进行转化和设计的源泉，使得他能够将过去、现在和未来编织融汇在一起。斯卡帕凭借谨慎、细微的观察和渊博的知识，剥离出清晰的历史片段，并通过对比、融合等不同方式来展示历史，同时也将其向现代和未来进行转化，斯卡帕的改造从未陷入简单模仿和修复的境地。

正如同意大利建筑改造传统所体现出的清晰化层理解析一样，斯卡帕在历史建筑片层的提取、梳理过程中，展示出了他非凡的洞察力以及对于真实历史的"忠诚"。"他总是将保留、修复、替代、消除、加固这几种方式复合在一起考虑。这些考虑相互作用下的平衡时刻闪现在斯卡帕的草图中，并最终落实在修复改造的实施中。"(Pier

Carlo Santini, "Carlo Scarpa as Continuous Dialogue with Pre-existence")

维罗纳古堡博物馆的修复改造就体现了斯卡帕对历史建筑进行片段梳理的思考，做出了对于历史层次真实再现的成功尝试。在1959年之后进行古堡二期改造中，他通过新植入的圣器展室打破了原有立面的对称感，恢复了这座哥特式建筑应有的不对称性。1962~1964年，由于在古堡西侧的墙基处发掘出了罗马时期旧城墙的遗迹，使得斯卡帕决定将在此处展示整个维罗纳城市历史的源头。他将古堡西侧的一间拿破仑时期的房间打破，将14世纪的城堡缔造者斯卡拉杰的骑马雕塑以一种戏剧化的方式展示在这个历史纠结的虚空中。在这个空间中，罗马时期的墙垣、中世纪的塔楼、哥特、文艺复兴和拿破仑时期的古堡都在斯卡拉杰的审视之下焕发出了历史的生命，维罗纳的生与死、繁荣与衰败在这个区域得到了完美的展示。

斯卡帕在改造中的另一个重要特点是对于传统建构工艺的"忠实"。他从来不会简单和愚蠢的模仿，对他来说那是一种对于历史的欺骗，他对于"赝品"似乎有一种天生的厌恶。斯卡帕

往往通过对传统材料和建构工艺的转换，达到由"旧材"生"新形"的目的，他时常将现代的艺术形式通过传统的工艺方式展示在历史的空间中，既满足自身以空间创造艺术的渴望，也使历史空间焕发出新时代的气息。这种对比的"展示"，以历史和艺术共鸣的方式提取出了符合时代精神的美学意象。而同时，斯卡帕也从不会固执地坚持选择旧材料而拒绝新材料的使用，钢和玻璃都时常出现在他的历史建筑改造空间中。

在斯卡帕看来，历史建筑不仅是形式层次上的历史提示物，它本身就是历史。它们要求表达自己的时间和空间，渴望被人体验、感知和思考。历史同样不是停滞的，它需要人们经过清晰的解读，以传统的工艺进行现代的阐释。和斯卡帕一起进行过多次古建筑改造的意大利历史学家里奇斯科·马加纳托（Licisco Magagnato）的一段评述阐明了斯卡帕关注改造设计的必然性："历史建筑改造项目是最适于斯卡帕的那种艺术的天性，这种天性基于精致而又活力四射的工匠传统和他本身旺盛的精力与天才般的创造力。在历史建筑改造和斯卡帕创造力的个人印记之间有一种共生关系，这是导致最后完成品极度和谐的重要因素。"

■ 结语

现代主义提倡的"唯功能论"和"标准化"建造使得建筑沦落为"功能"的机器，但在斯卡帕的建筑词典中，"功能"并不是位于篇首的词条，那仅仅是一种缠绕于设计当中"对于需求的满足"线索。他对于历史的渊博知识使得他能避免"暧昧的类型归纳"和对于一种"普适化"语言的探寻，他的丰富的文化理解使得没有人会认为他的作品只是一种基于视觉的经验。斯卡帕的作品对现代建筑中潜在的那些"鄙习"提出了一种并非直接但是尖锐的批评，展现出对于现代建筑新价值取向的漠不关心并径直穿越了传统的层理而不受它的影响。他的作品表达了对于艺术的欣赏和历史记忆的忠贞，并试图以此产生一种连接过去和未来的继承。同时，仅仅把斯卡帕理解为一个纯粹的建筑师是不对的，他丰富的设计经历——玻璃工艺品设计、展览设计、绘画、建筑设计、历史建筑改造设计，以及他建筑作品中表现出的艺术、历史、空间信息使他的建筑成为一幅融合三者的空间蒙太奇。

1978年11月28日，斯卡帕在自己设计生涯的鼎盛时期意外地逝于日本仙台。无法想像，如果他能幸免于那次看似注定的日本之旅，在余下的生命中他还能为世人带来怎样更惊人的作品。在那一年，布里昂家族墓园已接近完工，维罗纳

人民银行进入到了施工的准备阶段，热那亚银行的设计也已经接近完成。在阿叟娄的家中，还有许多的委托设计等待着他……

如今，30年过去了，建筑的世界发生了巨大的变化，科学、信息、技术的飞速发展刺激着建筑在尺度、速度、规模方面以更大、更快、更多的方式建造。在今天，似乎没有人能像斯卡帕那样以10年的时间设计并建造起一座诗意的墓园了；社会环境的改变和资本的需求也使功能、效率成为了建筑首要解决的问题，建筑的艺术性似乎早已被大多数的设计者远远地抛在了脑后；高度的全球化消解着不同地域的建筑文化差异，而差异正是斯卡帕所痴迷的，正如他在每一个历史建筑改造项目中都要如同考古学家一般小心翼翼地观察和整理出那些不同的历史层理，以及在建构中极力以一种看似个人化的方式复苏传统的地域工艺文化一样。

我们无法奢望今天的建筑师们都以一种斯卡帕式的方式进行设计和建造，因为脱离了现实的建筑将失去生存的语境，也无法为世人接受，斯卡帕也曾讲到"诗歌并不是每天都需要的东西"。然而，我们仍需要斯卡帕那样的建筑师以及相应的建筑思考、实践和诗意的作品，正如小布里昂讲到的——"在我们的生活中，需要诗意的建筑！" END

"返魅"之路

撰　文｜刘涤宇
图片提供｜张昕楠

肯尼思·弗兰姆普敦在《建构文化研究》一书中，用"失魅中的返魅"来描述卡洛·斯卡帕的作品。这让我很感兴趣。斯卡帕是如何做到这些的？他的"返魅"之路究竟怎样？

失魅

马克斯·韦伯认为，现代性是一个"世界失魅"的过程。在这个过程中，工具理性逐步地消解世界的神性和超自然意义。从此出发，我们可以看到，现代主义运动极大地瓦解了艺术作品的神性。这不仅仅体现在达达主义者身上，他们将现成的东西作为艺术品放入展厅。更关键的是，人们欣赏艺术的方式，或者说，艺术与观者之间的关系也变化了。

传统的观者，在作品面前带有一种神性的景仰之情，驻足细查、凝神静思；通过沉浸于作品的情境中，来获得与作品的交流，并体验精神的愉悦与升华。而现代主义运动后，用本杰明的说法："在资产阶级的衰变中，专注行为变为一种不合社会的行为，是与作为社会行为游戏方式的分散注意力相对立的。"

在现代主义建筑理论的奠基之作《空间，时间与建筑》中，吉迪恩所强调的空间——时间体验，在拓展了建筑表达领域的同时，也以相对闲散的人在空间中运动作为建筑体验的核心，而否定了与传统艺术欣赏相似的体验方式。也就是说，现代建筑，不再是通过在特定视点久久凝视能够得到全面体验的作品了。

"返魅"的前提

斯卡帕生活在这样的失魅时代，他并不是过去时代的使者。至少，无论从观念还是作品上，他都吸收着从新艺术运动直到现代主义诸多流派的营养，但斯卡帕也生活在古城威尼斯，那里充盈着各种过去时代的遗存。他的作品常常与威尼斯的古老遗迹相依存、相伴生。他也一直沉浸于与这些令人陶醉的遗存相对话。于是便有了弗兰姆普敦的提法："失魅中的返魅"。

这当然充满吸引力，但简单地向后回归，复制过去的一些躯壳，往往由于其容纳的生活本身的失魅性，失去"返魅"的可能。斯卡帕知道，将观者从漫不经心和闲散中唤醒，才是"返魅"的前提，也是实现"失魅中的返魅"之根本所在。

节点

斯卡帕深受来自赖特和荷兰风格派的分解——重组设计方法的影响。这种方法通过对围合空间的界面的分解和重新组合，探讨现代建筑空间的多样可能性。密斯的巴塞罗那世界博览会德国馆充分地展现了以此构筑的流动空间。但在斯卡帕看来，这种方法最大的魅力不是空间关系的可能性，而是不同界面重新组合时形成的交界处，也就是节点的处理。

密斯关注节点，是对材料交接技术的精密探讨。而斯卡帕，则试图通过节点，通过材料或空间之间的交接方式，来唤醒对日常所见的材料或空间的麻木，来重新使观者凝神静思，通过沉浸于相关情境中，以体察到平时被忽略的精神意义。

间离效果

通过去除日常要素为人所熟知的印记，使其以一种完全不同的方式出现在观者面前，从而集中其注意力，这就是布莱希特所说的间离效果。这也是斯卡帕营造"返魅"效果的重要手段。

加诺瓦雕塑展览馆通过光线和雕塑的精心布置，营造出空间的场所感并使光的存在特征因此凸显。与之类似，在维罗纳古城堡博物馆中，斯卡帕没有将画作放入画框，而是陈列在不同材质、不同空间方位和不同光线环境的展架上。他要将观者从漫不经心地浏览画框中画作的惰性中唤醒，正是这种惰性使画作的很多方面容易被忽略。他通过展架与画作材质的对比，使每一个画作独特的工艺品质和质感变得引人注意；通过展品在空间中各自不同的出现方式，映衬展品各自的特征，也提醒容纳展品的空间的场所性。

在威尼斯 IVAV 大学的庭院，一个放倒的巴洛克门套成为水池轮廓的重要组成部分。放倒使门套失去了其惯常的功能意义，也就改变了观者惯常的观察方式和角度，使一些本来只有视觉可及的部位拥有了以触觉来体验的可能性。这样，许多平时由于习以为常而被忽略的细部特点得以凸显。但斯卡帕并不满足于如此处理，他将自己惯用的锯齿状线脚和错落构成方式与门套的轮廓巧妙结合，使场所的意义具有了模棱两可的暧昧性，引起观者的思索。

身体感知

将观者从漫不经心和闲散中唤醒的最后手段，是直接诉诸于观者的身体感觉。注意力涣散的一个重要原因，很可能是身体被过度地抚慰。有时，身体一定程度的不适感，反而会激发观者的注意力，动员其潜在的精神力量。

布里昂墓地中的很多场景带有这种色彩。进入墓地向左行进时，纪念式的混凝土拱就在眼前，可本来明确而连续的小径却突然中断。再往前，只能在草地上看起来漫无目的的游荡。墓地边缘倾斜的混凝土墙下，人的身体无法站直，于是侧着身子小心翼翼地行进。而在墓地入口向右的地方，一扇看起来非常通透的玻璃门隔开莲花池中亭子。看起来走过这扇门非常简单，但实际上，却需要通过十分复杂的滑轮机械系统，将玻璃门用力压向地下，门后的空间才真正向观者敞开。这些都非常近似仪式的体验。

跋

从以上的例子，我们可以看到，"返魅"终究不是我们日常生活的常态。所以，斯卡帕需要通过种种手段，改变观者日常生活的惯性，以重新唤醒凝神静思的体验方式，实现在特定时空、特定场所和特定条件下的"返魅"经验。终其一生，斯卡帕的诸多作品，大都具有如此的条件性和特定性。让我们在日常生活的间隙中，突然间瞥到精神的光亮。END

卡洛·斯卡帕最后的梦是什么?

撰　文　矶崎新
翻　译　刘涤宇
图片提供　张昕楠

卡洛·斯卡帕突然逝世于日本北部城市仙台的消息,一定会让大多数了解日本的人吃惊。他为什么去仙台?如果他去东京、奈良或伊势的话,人们都会理解,因为上述每个城市都是日本传统建筑的宝库,值得多次参观。但与这些城市相反,仙台并没有卓越的建筑。

不过,仙台以北有一个古老城市——平泉,毁于12世纪。斯卡帕是不是正在去这座古城的路上呢?这么想时,我被一个意味深长的念头所吸引:平泉,17世纪俳句大师松尾芭蕉走过同样的路。

松尾芭蕉在他45岁生日之后,已是江户,现在的东京著名的俳句大师。俳句是用17个日语音节表达思想的一种短诗形式。当时他正处于职业巅峰,并有众多门徒。但为了他的俳句,他处理掉所有家产,身无分文,开始了他的旅程——无目的的流浪直至生命尽头。虽然他生于由东京、奈良和伊势形成的三角的中心,但松尾芭蕉走向日本的最深处那些一直被看作蛮荒之地的所在。平泉就是他漫步的北部的终点。

曾经有一个有力的家族,在平泉建立了它们的影响,直到12世纪对东京的中央政府构成挑战为止。这个家族的建筑师追随东京,但建筑尺度上更小,形式上更理想化。除了安放家族棺椁的陵墓外,所有这些建筑在和东京的战争中化为灰烬。那座陵墓完全被厚厚的金板所覆盖,细节也是金的。在松尾芭蕉时代,已经有一个大的屋子去遮蔽以保护它。(当马可·波罗回到威尼斯后,他记下了在中国听到的"遍地黄金的国度"的故事。我认为这个故事可能指的是平泉的黄金陵墓,这类消息当时在中国有所流传。)松尾芭蕉雨季来平泉观光,雨中参观了黄金陵墓。面对陵墓的观感使他写下了象征主义的俳句:

五月雨

落着

余下

一座闪耀的光堂

俳句中,陵墓历久弥新的状态,隐含在这样的描写中:即使雨季,雨也躲开陵墓。而且,这句使用想像力描绘的一个小陵墓的形象,似乎象征着这个毁于12世纪的文化的核心,依然闪耀着超越其时代的光辉。

当我们看卡洛·斯卡帕的作品时,我能够感受到一种气氛,一种与我们体验东京精心布置的町屋和坪庭时相同的气氛。斯卡帕建筑作品的细部几何图案看起来确实与弗兰克·劳埃德·赖特遥相呼应,这很自然,因为斯卡帕仰慕赖特。但斯卡帕认为赖特并非完全东方的,这个结论可能基于他参观东京和其他地方时对日本建筑的观察。也许他认为自己的作品和东方有着最紧密的联系。

在我看来,斯卡帕的作品与东京仔细布置的町屋的相似之处,源于材料相互之间的精确组合。有一种町屋,受到茶室的影响,经常使用极其多变的材料组合。由于一种世故的折中主义,多种起源的风格片段与房屋得以巧妙地适应。似乎在斯卡帕的作品中,几乎从其职业生涯的开始就很明显地使用相似的方法。在去向世界最东方的旅程中,他一定发现了东方无名建筑师与其作品的相似之处。例如,威尼斯一带的光经常充盈于房屋之内,在我看起来其质量如同通过坪庭带入到町屋里的光。这种光悄悄地让空间充满一种冷的安静,而不是去制造任何强烈的对比。在这样的光线下,人们感觉似乎坠入深深的封闭空间,在心理上强调了一种窄的感觉。斯卡帕一直有意识地把其兴趣集中在细部上——流水声、鸟鸣和落叶组成的图案。有时我确实觉得,斯卡帕注意到了,威尼斯充满着和东京相似的光与空间。

对日本人来说,一次旅行有着特殊的象征意义——参观另一个世界。大多数情况下,人们会觉得等待旅人的是无数的困难,旅人能否安全回家从来都不确定。松尾芭蕉的旅行有着明确的目的。通过参观老诗人的作品中提到的地方以及可能已毁掉或完全改变的地方,通过回忆那些地方的悲剧故事,松尾芭蕉有意识地以直面历史的重量,来完善他自己创作的极简化形式的诗句。平泉就是他旅行的目的地之一。

我不知道斯卡帕对成为其最后行程的日本之旅有何感觉。但他神奇地踏上了与松尾芭蕉同源的旅程这一事实,却激发了我的想像。他难道不是在寻找一座像黄金陵墓那样,永久闪耀在这因其突然辞世而成为终点的旅程的尽头的建筑吗?松尾芭蕉在写完他的游记《奥之细道》,日本文学史上突出的杰作之后,继续了他最后的旅程。在最后的旅程中,他沉思和凝视的,不再是黄金陵墓般闪耀着光辉的形象,而是一切皆枯萎的荒芜景致。他写下了这样的诗句:

旅途中

病了

梦还行进

绕着枯萎的原野

卡洛·斯卡帕在仙台生病,在一间医院的病床上度过了其最后的时光。他最后的梦是什么?他看到黄金背后的枯萎与毁灭了吗?

1 ｜ 2 ｜ 3

1　布利昂家族墓园,入口廊及其对视线的导引 © 张昕楠

2　布利昂家族墓园,冥想亭的主题——凝视 思考 © 张昕楠&苑思楠

3　古堡博物馆,窗的创造 © 张昕楠&Electa

古典：维罗纳人民银行
BANCA POPOLARE DI VERONA, VERONA, 1973-1981

| 撰文 | 张昕楠 |
| 图片提供 | 张昕楠 |

"我得承认：我希望评论家在我的作品中发现我一以贯之的企图，就是归属传统的强烈期望。现代建筑的结构与形式应该追随古典的秩序，但是请不要用传统的柱头和柱式，因为你已经不能再这么做了。今天，即使是神也不能再创造一个雅典的柱式了。只有正宗和原初的才令人尊重，后来的那些——即使是帕拉第奥的也全部是赝品。现代建筑应该有它自己的词汇和语法，正如同过去发生、存在于古典形式中的那些句法一样。现代的体量和结构应该跟随一种古典主义的秩序……"

——卡洛·斯卡帕

斯卡帕的设计往往体现出一种和谐的古典美感，而且这种古典性又并非是原封照搬传统的古典建筑。原自希腊的诗意古典往往经斯卡帕由现代形式、材料赋予新的含义。这种和谐同样在维罗纳人民银行的立面设计中完美地表现了出来。

维罗纳人民银行是斯卡帕后期重要代表作之一，也是斯卡帕生前所设计的规模最大的作品。它位于维罗纳竞技场后并面对不同的两个广场，两个广场被处于中间的教堂分割，丧失了其空间的统一感。原有的银行就在广场的一角，

一座18世纪的建筑，相邻的建筑被银行买下来以扩充原有的空间。斯卡帕将统一的立面形式赋予这两个建筑以利于统合两个广场空间，并表达连续感。屋顶是另一重要因素。斯卡帕把它当成某种高架起来的广场处理。屋顶的铺地使用和地面上广场完全相同的材料和建造方法，并且放置水槽来承接雨水以吸引空中的飞鸟。当人们到上面去的时候，他们会意识到这个屋顶空间是城市广场空间的一种延续。

在立面的处理中，斯卡帕以一种现代的方式对古典和谐比例进行了阐释。他设计的立面具有三段式的图形分割，这种古典的分割法则沿袭自古典时期的主要立面图像式的设计方式。他在这个立面中明显地安排了3组水平带状的成分：顶层由双柱撑起的廊区，中部带有圆窗和方窗的墙体，以及下部的基座入口部分。屋檐和柱基（三段式的底座部分，对应于维罗纳银行的墙围部分）是斯卡帕重点设计的要素，因为那些地方是建筑和天、地联结的地方。在屋檐的处理上，斯卡帕将原有的建筑屋檐的样式加以转化，使屋檐就以一种有意思的式样和天空对话：一条通过工业技术建造的带有几何形体的线条，在顶部把建筑变得轻盈。钢结构支撑着的束带层也使得建筑在视觉层次上变得轻巧。支撑这些结构

1　维罗那人民银行外侧的阳台 © 张昕楠
2-3　维罗那人民银行立面的开窗 © 张昕楠
4　维罗那人民银行 © 张昕楠

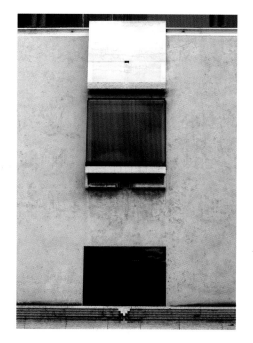

的实墙面上开有窗以制造出反差效果，使实体的部分看上去更重，而透空的部分看上去更轻。另一个重点就是和地面的交接。这里斯卡帕全部使用预制加工的石材，以强调出"柱基"的观感。为了给这一立面带来某种诗意的韵律和动感，斯卡帕在立面的水平方向上也进行了处理，他通过开间、开窗尺度以及位置的细微变化带给立面图像比例一种非对称平衡的美感，以一种全新的方式表达了他对于古典建筑的回归。

出现在顶部的复杂连接构件更是斯卡帕对古典秩序的一种现代诠释：等距排列的圆形双柱支撑着柱顶的金属眉梁，双柱由一个熟铜构件连接，它们将上下两片楣梁连接起来。在基础部一个精致的熟铜节点完成了双柱同下部钢梁的交接。一小块中间切出相交双圆孔洞的熟

铜，它的精致以及从圆洞中透出的光与黑色铸铁的双柱形成了鲜明的对比。这些精巧的结构要素，连接在圆柱上，将部分统合为整体。斯卡帕通过这个结构对古典的希腊柱式作出了完美的现代转译。而双柱的形式，也体现出斯卡帕在结构、节点设计中双重设置的偏好。对斯卡帕来说，"一个垂直的线条或单一的要素很难通过自身而存在，除非它有着古典柱式般的尊严，如同一个爱奥尼柱体现出来的那样。"而双重设置，即使是一种完全复制的方式，也能在对比或融合之中产生出秩序的美。

建筑的立面经过非常精细的调整，甚至考虑到窗洞的落水问题。它在斯卡帕生前尚未完工，但前后立面已经完成，材料也已经商定。最后在其助手 A.Rudi 的协助下最终完成。END

1　维罗那人民银行立面 © 张昕楠
2　双层圆窗及其室内采光效果 © 张昕楠 & A+U
3　维罗那人民银行室内 © Guidi Guido & A+U
4-5　维罗那人民银行立面 © 张昕楠
6　维罗那人民银行草图 © 张昕楠
7-8　檐口处颇带古典韵味的双柱结构体 © 张昕楠、Guidi Guido、A+U
9　褶皱装饰主题 © 张昕楠
10　檐口处的处理 © Banca Di Verona

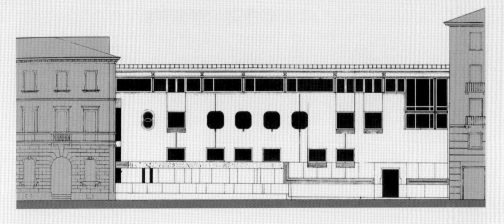

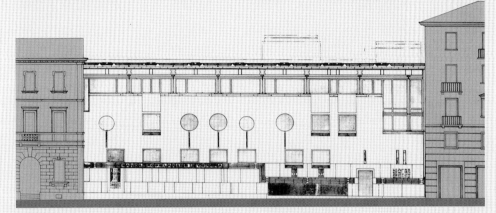

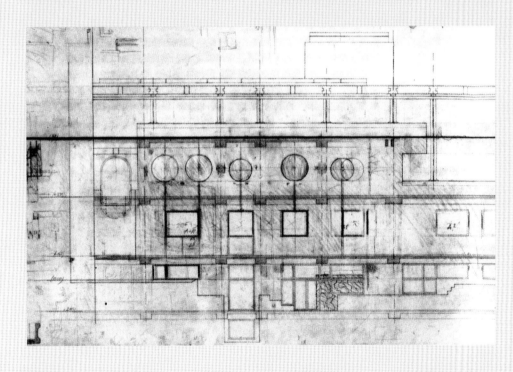

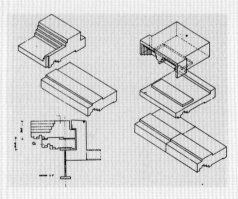

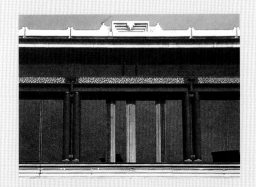

光：卡诺瓦雕塑博物馆扩建
EXPANSION OF THE CANOVA SCULPTURE GALLERY,
1955-1957, POSSANGNO, PIAZZA CANOVA

| 撰　　文 | 张昕楠 |
| 图片提供 | 张昕楠 |

"光线必须被很好地控制住。我确信窗是空间功能和展示的一个重要决定因素。"

——卡洛·斯卡帕

　　在某种程度上，斯卡帕的建筑作品的确可以被称为"光"的艺术，他也被 20 世纪的建筑评论家们誉为"营造光的大师"，他的创造性很大程度上也表现在他对于光线同空间交相呼应的那种敏感认知。斯卡帕的学生库迪·库多（Guidi Guido）曾回忆道："斯卡帕并不喜欢以照片的方式向世人展示他的作品，没有任何出版物能够令人满意地描述出他那种难以定义的存在于明与暗、空间和实体、质感和细部当中和谐而多变的丰富光感。"对于他来说：光以亮度和阴影创造了物体的体量，而材料肌理的产生、表达、变化则依靠于同光线产生的共鸣；正是因为光线的存在，才使得建筑的物质性和形式感得以充分表达，并且随着光线融入到空间之中。他对光线的理解不仅限于方向、强度和色彩，他甚至把光当成一种实体来对待，

并考虑如何雕刻出空间中的"光"，这种观点从卡诺瓦石膏博物馆的角窗中就可以看到，在他的精心设计之下"玻璃角窗变成了安置在室内的一角天空"。

　　卡诺瓦石膏博物馆老馆是一座建造于 19 世纪的巴西利卡平面的建筑，扩建工程是为了纪念安东尼奥·卡诺瓦（Antonio Canova）这位新古典雕塑大师诞辰 200 周年，用于陈列原来随意堆置的艺术品。斯卡帕的设计外形简洁，主题是一个长方形盒子，由两面成一个小角度的墙面和跌落式屋顶构成，狭长的室内随着屋顶跌落也做成台阶式空间，这提供了多变的观察视角。每一件作品都被精心放置在展示自身的最佳位置，或立或卧，或安于墙上，或置于玻璃盒中。正对入口的墙面上悬挂着雕塑家本人的自塑石膏胸像，似乎是为了表示艺术的地位远远超过任何世俗的权力，斯卡帕有意将卡诺瓦的像悬挂在墙面的中间并高过旁边的拿破仑胸像。同时这一布展方式也使雕塑家胸像既成为了被展品，也成为了整个空间的环视者，

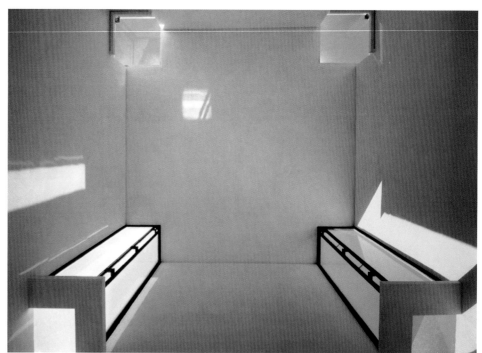

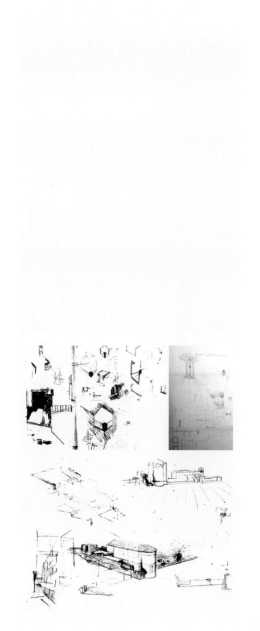

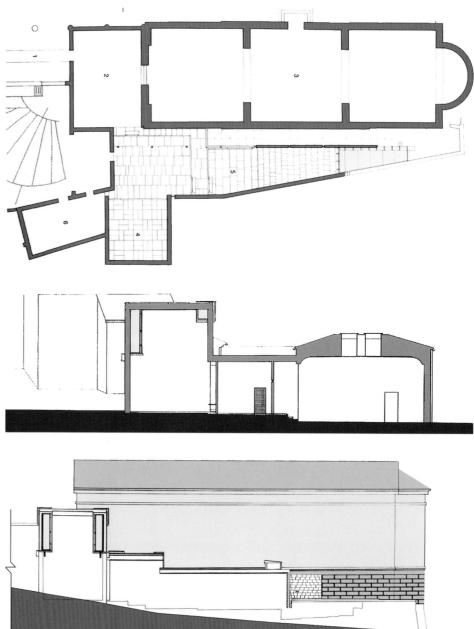

审视着自己的作品。

仅有完美的布展当然不够，只有合适的光线才能使展品散发出其特有的艺术气息。或许作为意人利人，斯卡帕早就稔稳达芬奇对于光线和展品关系的评论——"置于顶部的柔和光线将使雕像的细节得以充分表达，令其栩栩如生。"也正是斯卡帕不同寻常的角窗设计使卡诺瓦的作品在这个空间中仿佛被唤出了生命一般。在传统形式的开窗中，窗往往位于墙的中部，光线只能从一个方向射入室内，开窗侧的内墙面会始终处于照明的盲区，室内也会因光线入射的单一性产生眩光。卡诺瓦石膏像博物馆中的内凹三面体角窗给空间以一种立体化的光源，它如同悬挂在室内角落里的一个自然发光体，在多个维度照亮室内空间。室内的抹灰墙壁成为了第二种光源，因为采用了特殊的威尼斯抹灰工艺，抹灰面层的漫反射效果极好，它同角窗间成适宜的角度因此避免了眩光的产生。在这里，斯卡帕以角窗光源和墙面漫反射两种方式来调整和产生光线，使建筑室内的光环境质量达到了一个新的层次——直射的光线产生了强烈的明暗光影效果；而漫射的光线则表达出雕塑高度的石膏肌理价值，渲染出它们的轮廓。角窗的设计还体现了斯卡帕对融合环境的考虑，玻璃的透明性不仅对室内光环境发生着作用，同时也许室外景物融入室内。4个角窗以两两相同的形式将天空和流云映入闪烁着微弱光线的白色展厅。馆外的树木和村庄屋顶通过较长的角窗进入人的视野，而较小的角窗则因为采取了适宜的尺度和角度，并不会使人的视线受到原有博物馆部分的影响。

在这一作品中，斯卡帕仍然探索者在前期的博物馆设计中就已体现的观点：博物馆就是对艺术品的点评和阐释。正是在这个意义上，是卡诺瓦和斯卡帕的共同作用才使这些雕塑艺术品获得了真正的存在意义。**END**

1-2 角窗 © 张昕楠 & 苑思楠
3-4 卡诺瓦石膏博物馆设计草图 © Electa
5 卡诺瓦石膏博物馆平面图 © Electa
6 卡诺瓦石膏博物馆剖面图 © Electa
7 卡诺瓦石膏博物馆立面图 © Electa
8-9 窗的采光效果和室内的雕塑布置 © 张昕楠 & Yutaka Saito

片断：古堡博物馆改建
CASTELVECCHIO MUSEUM, 1956-1964, VERONA

撰　　文 ｜ 张顾、张昕楠
图片提供 ｜ 张昕楠

"斯卡帕的工作开始于研究那些最原初、最古老的建筑层次，仿佛那是他净化历史纪念物的起始篇章，或者说是同历史展开对话的根本语境。然后他将那些脱节的历史片断重新组织起来形成了崭新的篇章。"

——奇斯科·马加纳托

每当谈起斯卡帕的作品，"片断"这个词汇总会是一个难以回避的主题。片断表现出了他真实、清晰的历史观念和材料建构观念，也产生出了富于现代美感的艺术形式与近人的尺度，而借由片断衍生出的节点更是满足了斯卡帕表达装饰的强烈愿望，并且显示出一种清晰的微观建构观。在斯卡帕的历史建筑改造设计中，对于不同历史肌理进行的片断化处理方式也是他保存展现历史真实的重要手段。维罗纳古堡

博物馆的修复改造就体现了斯卡帕对历史建筑进行片段梳理的思考，做出了对于历史层次真实再现的成功尝试。

Castelvecchio 是一座中世纪的城堡，位于历史名城维罗那（Verona）的阿迪吉河畔（Adige River）。Castelvecchio 的历史沿承很复杂，部分城墙是古罗马时期的，14 世纪的统治者斯卡拉家族（the Scarliger）在原有基础上建造了 Castelvecchio 城堡。19 世纪初，城堡遭拿破仑军队的破坏与改造，在居住院落建造了一座 L 形建筑用作防御工事及营房。一战后，城堡完成"军事使命"，转为陈列该地区中世纪艺术的博物馆。这就是 1923 年的最后一次的大改造，其结果是以被完全改貌的拿破仑军营重又加上了取自当地的中世纪哥特建筑元素的历史"面罩"。"在 Castelvecchio，一切都是赝品。"这就

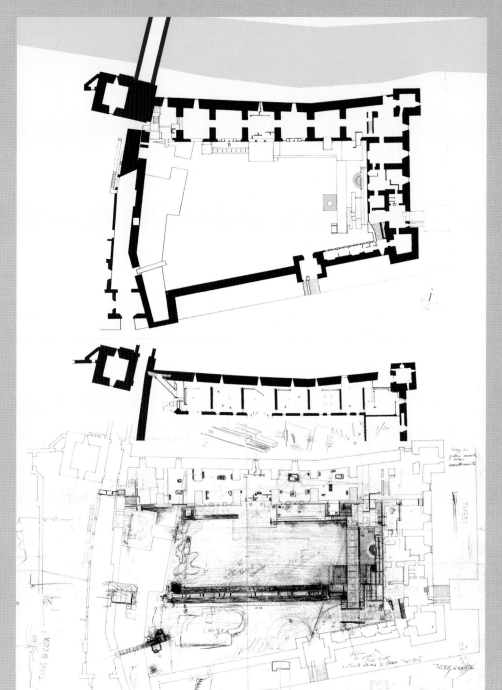

1	2 5
	3 6
	4

1　古堡博物馆 © 屈宪生
2　古堡博物馆一、二层平面 © Electa
3　斯卡帕平面草图 © Electa
4　古堡博物馆内庭院拼贴照片 © 张昕楠
5-6　米兰理工大学学生制作的古堡博物馆模型 © 张昕楠

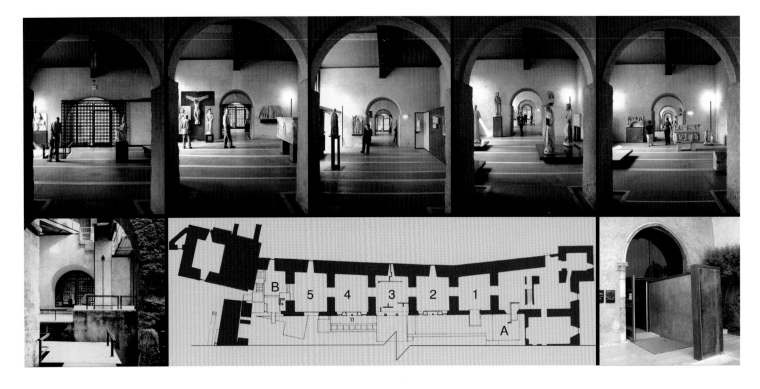

```
12345  10
678  11
9
```

1-5 室内 © 张昕楠
6 B博物馆一层出口 © 张昕楠
7 古堡博物馆一层雕塑展厅 © 张昕楠
8 A博物馆入口 © 张昕楠
9 窗－光－雕塑：展览成为斯卡帕对艺术的一种评论 © 屈宪生
10-11 室内 © 张昕楠

是1956年当斯卡帕接到为举办一次艺术展要重新改造城堡博物馆空间这一设计任务时对这座历史建筑的印象。

在第一期改造中（1956~1958年），斯卡帕将19世纪改造中加设的木梁去除，打破了上次改造后空间的划分方式，将其重新统合成一个连续的空间。在这个连续5个跨距的雕塑品展区中，他将路径满铺在原有的古堡地面上，通过其在室内的几何形式强调出房间的方形特性，并由顶棚上的十字交叉梁在建构逻辑上加以强调。路径的边缘被浅色的普那石框起并同墙体脱开，展示出一种"似水流漫过墙面与地面碰撞之后形成的荡漾、有韵律感的表面"，并散发出一种考古现场般的材料质感。路径同墙体的空隔强调出了"新"与"旧"的关系，在"新"与"旧"的对话中，新植入的路径成为了对古堡空间原初性最清晰的注解。然而，古堡博物馆的清洁人员却对"新"与"旧"之间的空隔头疼不已，他们"亲切"地把这一区域称为"激战之地"（Battle Filed）。同时，路径上孤岛似的雕塑展台也体现出斯卡帕在设计中经常表达的一种"飘浮感"，并且强化出路径如水流般的效果。这种岛式的布展方式，可以在观者随路径的移动中给其以"再次性"、"多次性"的观展经验，这种经验扩展了身体与眼睛对空间接触的层次，同时"延长"了观者的移动。

斯卡帕认为对称的立面布局不符合维罗纳地区的哥特式建筑传统，因此在第二期改造中（1961~1964年），他通过新植入的圣器展室打破了原有立面的对称感，恢复了这座哥特式建筑应有的不对称性；同时，原先位于建筑中央的入口也被侧移到右侧，对称的格局被刻意打破了。对立面的窗洞，斯卡帕又采用了"双层围护结构"的方式，将新的玻璃窗设置于旧窗洞的外面；既保持了原有的建筑风貌，同时也赋予新窗以一种现代艺术的形式。在结束处的拱券后面叠置一扇由现代钢薄片编织的滑轨钢门。

在最后的第三期改造中，由于在古堡西侧的墙基处发掘出了罗马时期旧城墙的遗迹（于1962~1964年），使得斯卡帕决定将在此处展示整个维罗纳城市历史的源头。对此，斯卡帕不但没有"缝合"，反而进行进一步的"拆除"——他将古堡西侧的一间拿破仑时期的房间打破，并在二层的高度添加了一个水泥梁托支撑的高台，将原存于维罗纳斯卡拉杰家族墓园的14世纪城堡缔造者斯卡拉杰（Cangrande della Scala）骑马雕塑以一种戏剧化的方式展示在这个历史纠结的虚空中。雕塑下的台阶继续引向另一展览空间，然后转上二层，回到断裂空间的二层天桥，大公雕像再次成为视觉焦点。"拆除"和清晰化片断保留的设计更好地完成了建筑的展示，使建筑本身成了一件展品，也富含了更多的历史信息。在这个空间中，各个时期的片断——罗马时期的墙垣、中世纪的塔楼、哥特、文艺复兴和拿破仑时期的古堡都在斯卡拉杰的审视之下焕发出了历史的生命，维罗纳的生与死、繁荣与衰败在这个区域得到了完美的展示。END

```
 1 │ 4 5
2 3 │ 6 7
```

1　窗的创造 © 张昕楠 & Electa
2　展架设计草图 © Electa
3　展架设计 © 张昕楠
4　小圣器室及细部 © 张昕楠
5　小圣器室草图 © Electa
6　斯卡拉杰一世与历史的虚空 © 张昕楠 & 屈宪生
7　斯卡帕的草图 © Electa

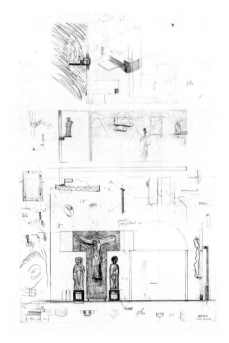

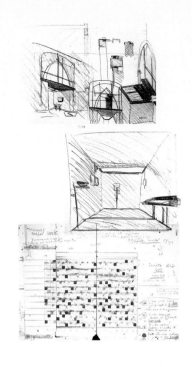

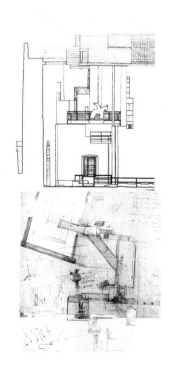

诗歌：布里昂家族墓园
BRION FAMILY CEMETERY, SAN VITO D'ALTIVOLE, TREVISO, 1969-1978

撰　文 ｜ 张昕楠
图片提供 ｜ 张昕楠

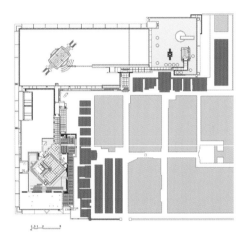

"我接受邀请时被要求做一个题为《建筑能否成为诗歌》的讲座，我相信这是从德文正确翻译过来的。毫无疑问，建筑当然能够成为诗歌。莱特多年前在伦敦的一次讲座中曾宣称：'先生们，建筑是诗歌！'所以我的答案也是肯定的……"

——卡洛·斯卡帕

评论家们经常用"诗意"、"诗性"等词汇来描述、评价斯卡帕的作品，他的建筑也的确带给人以诗一般的感受。但对斯卡帕建筑中的诗意从何而来却很少有人论及。从亚里士多德的《诗学》中"构成（Taxis）"、"整体（genera）"、"和谐性（Symmery）"三性同维特鲁维《建筑十书》中"构成原则（原文 Taxis）、"成分构成方法（原文 Diathesis）"、和谐（Symmery）所展露出来的一致性多少能够解释建筑和诗歌的共性关系，但要使建筑的体量、空间真正成为诗歌，更多的还需要充满暗示的隐喻以使之在人的情感深处产生共鸣，并通过富有叙述意味的路径来予以引导——就如同布里昂家族墓园所做到的那样。

家族墓园位于意大利北方小城特勒维索附近的圣维托，基地紧邻圣维托公墓，占地约2200m²，呈 L 形。整个基地地坪高于周边，由内倾的围墙限定，外面的人无法看到里面的活动。墓园主要由4部分组成 水池之上的冥想亭、夫妇墓、家族墓和小礼拜堂。墓园有两个入口，一个通向小礼拜堂；另一个经公墓到达墓园的入口廊。

▇▇ 路径

沿着村庄公墓的柏树林荫——一条礼仪性的步道走近墓园，进入之前人们必先经过入口的廊。里面的草地和布满藤条的墙体通过相交的两个圆展现给观者一幅神秘的图像，这种空间景致的神秘感使人们禁不住想要探究里面的世界。

入口廊通向南北两侧，向北导引人们到达整个墓园的焦点——夫妇墓；向南则导向水池中私密的冥想亭。回应于不同的空间和功能性格，廊南北两侧采用了不同的开口形式：北侧稍稍向上放开，将人的目光向正前上方引领，这样远处的山脉，附近村庄的屋顶和教堂的钟塔，近处农田里的植物，以及眼前的夫妇墓依次出现在观者面前，形成了一种自然、肃穆、神圣的景致，这样一种无限深远的景深，表现出一种开放的空间效果；通向水池中冥想亭的南侧开口向下放开，配合其后的墓园高墙，压迫性的将人的目光收束在近点，塑造出一种同北侧完全不同的静逸、私密氛围。

当人们从廊的北侧开口出来，向西走过一小段草地，将会沿着路径的坡道下降到低于墓园草坪 70cm 的层面，在这个过程中墓园的景致是变化着的，夫妇的棺椁会慢慢地"淹没"在草地中，人们会意识到看似平整的草地实则微有起伏。在这里，斯卡帕设置了一个比喻：草地象征大海，拱是一座桥，夫妇的棺椁则仿佛是两只逐渐靠近的小舟，相互依偎并被桥庇护着。

在墓园的开放空间中，斯卡帕为观者提供了两种形式的路径模式：一种是草地，它提供

1　布利昂家族墓园平面图 © 张昕楠
2　布利昂家族墓园入口 © 张昕楠
3　布利昂家族墓园内景 © 张昕楠
4　从庭院内回看入口的廊 © 张昕楠
5-6　入口廊及其对视线的导引 © 张昕楠
7　斯卡帕关于入口廊的草图 © Electa
8　墙面上神秘的滑轮组以及与其连动的玻璃门 © 张昕楠

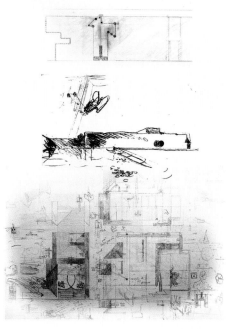

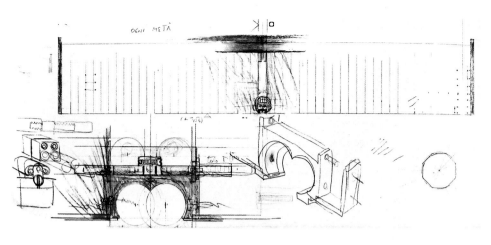

1	2	
3		6
4	5	

1　冥想亭的细节 © 张昕楠
2　斯卡帕关于双圆图案的草图 © 张昕楠
3　斯卡帕关于冥想亭的草图 © Electa
4-5　冥想亭水池中的植物台 © 屈宪生
6　布利昂家族墓园——水池中的冥想亭

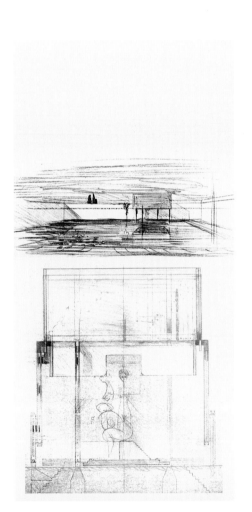

给拜访者最大限度的游览自由度，同时由于人们在草地层面上的视高要高于墓园围墙，因此周边的景致可以毫无约束的进入到墓园中，使墓园内外的景致得以共融。另一种是结合围墙的下沉式路径，它的空间层次相对于墓园的草坪要低70cm，因此视线的高度要低于墓园围墙，在这里人的视域和视角受到明显的限制。下陷的地面同倾斜墙体共同限定了路径空间，这个空间的大小刚好容人前行，使人以一种低矮、谦卑、压抑的姿势和视角环视整个墓园。下沉式路径同倾斜围墙相结合，还形成了一种"分离"式的空间界面，在空间层次和连续性上将墓园草地同周围的农田区分开来，从而强调出墓园的神圣感，表达区域性质的差异。

在墓园这个近乎空旷的场所中，斯卡帕通过路径细微层次和形式变化的敏感设计表现出空间的丰富性，完成其隐喻性的表达。他将路径的延伸同视域的导引结合起来，在何处收束或放开景域，如何将光线或风景交织到景域中，如何控制观者的所见，他留存下来的墓园设计草图体现出对这些问题的重视和细微考虑。最终，路径通过转折、起伏、停顿，对人们的视觉知觉产生影响，进而使人们同空间在情感层次形成交流，形成一种深蕴着东方空间思考的景园。

■ 比喻

在家族墓园中，入口处的双圆图案、夫妇墓的墓穴和墓园中颇具深意的水池无疑是斯卡帕进行诗意表达的另一个象征元素。这些要素有着丰富、甚至是矛盾的二元象征性的建筑语意，它们塑造出了对于生命与死亡产生思考的诗意场所，它们表现的场所精神更加接近泛神论的观念而不是基督教的教义。在斯卡帕看来：死亡并不被理解成是另一段永恒生命的开始，而是像被补足的存在的半圆那样，经过它生命又继续流回它开始的源泉。

斯卡帕将圆形符号引入家族墓地来表达生死的循环和泛神论所代表的所有理念。他实际上用了两个圆，这一双圆相交的图示也是西方传统意义上膀胱鱼的符号。"它表达了一种二元对立、自诘、矛盾统一的属性：太阳－月亮、男性－女性、爱神（指生）－死神，它的用粉红和蓝色马赛克立体的贴装已经暗示了很多现代来源，荷兰新造型运动中的主色、或是柯布西耶人的红蓝比例标尺……"通过这一多意的神秘符号，斯卡帕事实上定义了墓园的精神属性——生与死的永世循环，同时也"设置"了一扇融通"生／死"世界的门。正是因为这一修饰符号的多意象征性，完成了某种诗学意味上的"转喻"和"隐喻"，人

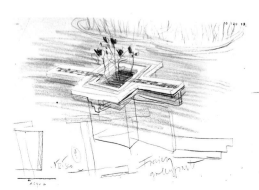

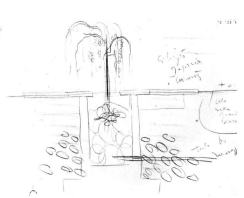

1		5	7
2			8
3	4		9

1　布利昂家族墓园——夫妇墓
2　斯卡帕关于夫妇墓的草图 © Electa
3-4　夫妇墓的主题：庇护与相依 © 张昕楠
5　布利昂家族墓园——家属墓
6-8　家属墓墓碑、内部及细部照片 © 张昕楠
9　斯卡帕关于家属墓的草图 © Electa

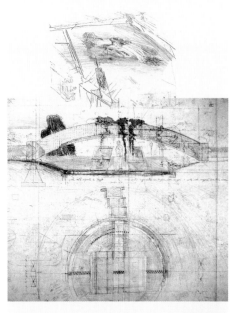

们永远无法得到详尽和唯一的答案，而这种无可探知的神秘性也正是"诗"的一个主要特点。夫妇墓的墓穴也有着同样的丰富象征性和二元性。一方面，它如斯卡帕所称"是一个'拱顶墓室'（Arcosolium）"，标示出夫妇尊贵的安息之地；而它的桥型设计同时也有着精神层面的内涵——一条通向未知世界的路径。另一方面，夫妇墓的棺椁既是安放他们逝去躯体的地方，那种相互倾靠的态势和基座处仿佛摇篮般的处理又带给人一种孕育着生命的感受。正是依靠着他赋予符号与图形的多意，斯卡帕在墓园中表达出了丰富的诗意。

同样负载着多意象征性要素的还有墓园中的水。墓园中各式的水池反射出园中建筑的图景并使的它们更加丰富，形成一系列同实体对称的倒影。在威尼斯人看来，生命是诞生于水中的：一股水流从夫妇墓前的双圆形水盆中流出，源源地流入远处的冥想池中，水流的来源——墓穴，也表达出了那种生死相循的观念。同时，水又是世俗记忆认为的溺亡躯体并将其分解的媒介。在水面下的东西只能够被模糊的辨析：腐朽的柱子和其上的线盘，它们表现着从光和可视的世界到暗影中不可视的世界的转变，通过水这一媒介从物质的真实的世界到记忆中的世界的转化。

而自池中冥想亭观看到的图景，远处的山脉、附近村庄的屋顶和教堂的钟塔、近处农田里的植物、以及眼前的夫妇墓和水池依次出现在观者面前，形成了一种自然、安逸、神圣的景致，在这幅图景中并没有传统墓园建筑表达的肃穆与悲伤，反而以一种平静、祥和、喜悦的图像表现出对于生命的赞美。每当欣赏这一奇异、神秘的墓园美景时，游览者总是被激发出对现世自然的认知，对于生死认知的再思考，并将其保留于记忆中。

"什么成为了人类的灵魂？怎样才能使逝者感到满足舒适？如何强化生者对逝者的记忆并使其成为他生命完整的一部分？"斯卡帕以建筑为媒介给这些问题提供了一种诗意的解答。这种解答超出了世俗的观念和习俗。这种解答是大胆、异想天开的，更是一种对生命无法抑制、情不自禁的赞美，一种毫无约束的表达。同时这种表达在形式上也体现了意大利人从远古形成的对于生死的认识，源自基督教的信仰，同时也调和了多种文化传统，例如斯卡帕在日式庭院里参悟到的宇宙观。他把这一切捏合在一切，形成了多层面的混合乐章。这乐章表达了他对于生命的喜悦和赞美，因此墓园在某种意义上也可以说成是斯卡帕的一次展览设计——一次有关生命礼赞的展示。

最后，斯卡帕决定将自己安葬于此，就如同诗人将自己写在了最美好的诗歌里一般。今天，在那个隐蔽的角落、在那个可称之为墓中之墓的地方，集满了墓园中飘落的的最美丽的花朵。 END

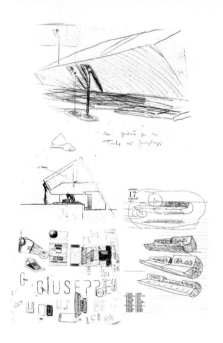

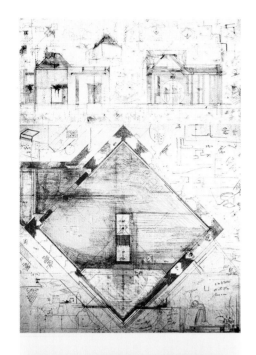

1	3	5	7
2	4	6	8
			9

1　斯卡帕关于小礼拜堂的草图 © Electa
2　小礼拜堂室内的细部 © 张昕楠
3　小礼拜堂外景及细部 © 张昕楠
4　小礼拜堂内部 © 张昕楠
5.7-9　布利昂家族墓园围墙内外及视线分析 © 张昕楠、屈小羽
6　布利昂家族墓园——斯卡帕墓

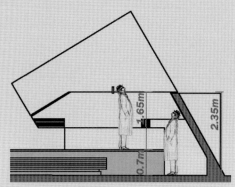

真实：威尼斯建筑学院入口

ENTRANCE TO THE ARCHITECTURAL FACULTY OF VENICE UNIVERSITY, VENICE, 1966, 1972-1985

撰　文　｜　王迪、张昕楠
图片提供　｜　张昕楠

"正如同建造金字塔的人也无法判断自己的作品一样，我们缺少一种肯定——因为所有的事物都具有争议性，建筑是不确定的。"

——卡洛·斯卡帕

尽管以建筑的方式很难给既存的问题以唯一确定的解，尽管斯卡帕在一次讲演中曾开玩笑地说："是的，在每一项作品完成之后，我总是会想：我的天哪，我又搞错了！"然而，在他的设计中，再现真实却是他始终贯彻的主旨；无论是对材料本身真实属性的准确表达，还是面对历史素材时的谨慎选择，亦或对以何种空间表述情感、艺术的敏感热情。斯卡帕始终尝试以他的作品给出最接近真实的解。这种对于真实性的表现也体现在威尼斯建筑学院入口的设计中。

威尼斯建筑学院所处原是一座修道院，入口大门的设计始于1966年。在开始的设计中，斯卡帕将注意力集中到如何统合庭院和其外小广场空间的问题上，并尝试在大门的设计中加入建筑设计学生日常使用的元素，例如图板、滑行尺和三角板等。然而在学院改建的过程中出土了一个16世纪的大门遗骸，在学院其他教师的设计中，这个大门都被原原本本放置在入口处，门的基本功能被还原了。然而在斯卡帕的设计中，他把大门平放在草坪上，并把它与一个曲尺形的跌落水池结合在一起。人们可以容易地接近观察这个历史遗迹。整个大门实际上是一片简简单单的围墙，中央是一个大雨篷，由两片互成角度的混凝土板组成，钢框玻璃大门用滑轮组装备，可以滑动。围墙内侧是一斜坡，上面铺以石材，学生可以坐在上面休息交谈。围墙外侧有一块多边形的伊斯特里亚石板，上面刻着"Vdfum Ipsum Factum"（Truth Through Making）——真理源自实践，这便是斯卡帕的基本思想。■END

1　｜　2

1　威尼斯建筑学院入口 © 苑思楠
2　大门上维科的誓言"真理出自实践" © 屈小羽

1 庭院内没入水中的 17 世纪石拱门 © 张昕楠
2-3 门上的滑轮组 © 张昕楠
4 入口处的铺地 © 张昕楠

南京市规划局办公楼改造是一个备受关注的项目，不仅因为它是著名建筑师张雷与室内设计师吴峻合作的项目，同时也因为其处于都市中心地带的特殊位置，以及其本身作为规划设计行业的管理部门的敏感背景。同时，这个项目还有更深层的意义，作为许多诞生于20世纪80、90年代高速建设大潮中、设计与施工质量往往存在一定问题的建筑之一，规划局的改造可以为大量其他此类建成时间不长，不可能拆掉重建，又已经不满足当下使用需求的建筑进行改造提供一定的参考。同时，不同于以往建筑与室内设计分段工作的状态，这也是一个室内设计师在方案前期即介入，与建筑师密切合作进行设计的项目。对于目前国内大设计领域内各细分专业如何展开合作以减少资源浪费也有较强的示范作用。

因此，本次《室内设计师》"感受设计"系列活动邀请了南京市规划局改造项目的建筑师——南京大学建筑规划设计研究院院长张雷和室内设计师——南京万方装饰设计工程有限公司总设计师吴峻介绍改造项目的设计和实施过程，来自南京和苏州的专家学者和设计师围绕该项目进行了深入讨论，并延伸讨论了设计策略、建筑与室内设计师合作等在设计领域具有重要现实意义的话题。

《室内设计师》
感受设计系列活动之8

黑白房子的多彩叙事
南京市规划局办公楼改造

撰　文	汤泉、栖霞
摄　影	朱涛

主设计师谈创作

张雷：这规划局的老楼大概是 1990 年代初盖的，用到现在觉得各方面使用条件比较差，决定要改造。现在楼前面是一个大草坪，那里最早是一个军队的建筑，其实原来的方案是保留旧楼，拆迁军队建筑盖一个新楼，把两个楼连起来，新楼除了办公还兼做规划展览馆。军队建筑的拆迁工作费了很大周折才完成，之后正好赶上全运会，市区不允许有裸露的工地，就在前面做了一个绿地。绿地做好，老百姓就认为这是一个街头绿地广场，规划局不应该去盖楼，事态就比较敏感，结果只能是改造老楼。

这个楼位于城市中心，规划局又是个敏感部门，因此局领导希望能做得朴素些；但毕竟是规划设计的主管部门，他们又希望这个房子还是要有一点设计的气质。我们所做的主要就是整合了立面，把上面跟功能没关系的变化全部抹平了，把朝东的入口移到南边，使对着门的空间更为开阔；在二～四层的中庭做了 5 个错开的盒子，做会议接待之用，增加了一些面积；修改了开窗设计，使其有秩序感，并能满足景观和采光、通风等不同需求。

这些调整都是围绕着很务实的目的，把形体上和空间里不适用的东西调整掉，拨乱反正，回到应该是的状态。规划局本身搞城市规划管理的，比较敏感，平常就很有议论了，现在这个楼改造好之后议论更多了，主要是说"规划局太'黑'了！"当时跟领导讨论，我就说虽然这个房子可能从外面看起来有点黑，但进去一看是很洁白的，内心是很纯洁的，所以我们当时就定了室内的调子一定是很白的。

我认为建筑实际上是不讲颜色的，只讲材料。我这些年做过六七个黑房子，但材料各不相同。我也跟有些朋友讨论过，他们问我为什么要用黑色或深色，我就反问他们，那你觉得有哪些更好的选择？大家想想确实好像还是这个颜色比较合适。我想这其中还是有逻辑性的。我觉得建筑是个有机体，某种建筑的形态总会有个适合其形态的样式。形态、造型、气质各方面累积起来，用某个颜色就会比较合适。规划局也是这样，作为一个政府机构，处在新街口这样一个城市中心，被商业气氛重重包围，为了营造与商业区分开的政府部门的气度，所以才决定用深颜色的石材，就是要比较有力量感。它是环境、功能综合的产物，对我来说这是个自然选择。

最后这个房子能够实施到这个地步，跟规划局主要领导的支持是分不开的，他们承担了很多专业以外的压力。以后做这类项目我们会更多思考如何既表达设计师的感受，又符合城市公共性的想像。规划局的张主任告诉我，这房子现在只有 15% 的人觉得好。我说，这个房子是这样，刚开始看可能有 15% 的人觉得好，但是喜欢的人数会以每年 5% 的幅度递增。我觉得这个房子的改造还是有一定普遍意义，我们国家改革开放初期建设大潮下造的很多建筑，实际上已经多多少少不能符合现在经济高速发展下的需求了。规划局的改造还是有代表性的，如何使这些"年轻"的"老"房子符合新的使用要求很值得我们研究。

吴峻：现在工程还没有完全结束，家具还没进来。家具在室内其实很重要，这个会议室里换一套家具马上不是这个感觉了。家具方面我们在设计时就考虑小办公室比较多，怎么样在小办公室里把家具处理好，有现代感，而不要让他感觉后面的家具是额外放上去的东西。那么有一部分可以是固定家具，因为买的家具不一定和室内很吻合，这部分固定的家具从色彩、造型上和我们整个室内设计风格统一起来，后搬进来的即便不太一样，大的风格上不会有影响。

我觉得，我们做室内设计时，每做一种设想应该有一定的依据。我们开始介入这个方案时因为建筑是先行的，已经提出了一些空间上的，感觉调性上的想法，这就是我们很好的一个出发点，我们室内要做的就是把这种感觉延续下去。这个项目我们做到现在，我觉得非常有意义的一点是我们室内设计跟建筑的全程配合。在建筑改造比较早期的时候我们双方就开始合作，在理念上达成一致，对后面的设计、施工就比较有帮助，实施出来里外的感觉也比较协调。当然，我们室内还有其他要做的，比如通过空间改造实现使用功能上的优化，这也是非常重要的一点，但我觉得我们建筑和室内这次配合来做这个事是一个非常好的尝试。

我们最近也做过其他一些办公空间，在前期我总希望和甲方能有一个充分的沟通，我始终觉得办公室是一个用的地方，它不是一个展示空间，空间配置和单位具体操作流程、业务部门之间关系我们如果不弄透，这个空间做出来是不好用的。做这个项目我们和甲方规划局沟通过，对于我们室内设计在其中究竟扮演什么样的角色，我们和张雷也有过充分沟通。我很同意张雷的观点，像这种项目的室内没必要刻意去表现什么，可能我本人也是学建筑，所以我很认同。我觉得室内最出效果的不是贴什么挂什么，最大的效果在于空间的变化、空间的品质。我常说，如果你把空间尺度比例关系都处理得非常好，你什么都不贴，照样好看。如果建筑先天空间条件调理得很好，我们室内要做什么呢？把建筑上遗留下来的一些不是很美观很协调的地方协调好，还有就是协调室内和设备之间的关系，这其实是做办公空间设计时工作量很大，但又不可缺少的一项工作。

至于室内的细部，和材料、造价有关系。这次在现有空间条件下，我们也是尽了很大努力，

使其看上去有点细，但又不是很繁杂。这和建筑最初的意向也是比较吻合的。色彩方面，我也非常同意用这种比较统一的灰调子来做。因为建筑空间已经相当丰富了，从形的角度来说，这个空间里面的"形"已经够了，细节的份量已经够了。这种情况下我觉得应该在色彩上往统一的方向去做。实际上空间、形体越复杂时，材质、色彩越统一，出来效果反而好。

嘉宾论设计

韩冬青（东南大学建筑学院 教授）：从城市角度来说，刚才张雷讲到我们在改革开放之后是非常大的一个建设量，实际上到现在这个量仍然是非常恐怖的。坦率地讲，包括我们现在做的一些项目，将来改造的命运是注定的，因为你连拆它的机会都很小，如果劣质的都要拆我们产生的建设垃圾足够把这片土地给毁了。所以我想改造今后可能会成为设计业业务的大量组成部分。针对20世纪80、90年代的房子在改造上会面临什么问题？这个改造项目在这点我觉得有其特殊意义。我曾经做过南京新街口这一带的城市设计或环境的梳理工作，我有一个观点，新街口这个地方以后如果还要盖房子，一定要克制体量的表现欲。对形体变化的表现欲在南京已经太多了，原来规划局的房子不是新街口地区最凸显的，但也属于这一类，追求一种莫须有的变化，既不是环境也不是功能的需要。现在建筑和室内设计基本上就是在做一个"洗脸"的工作，把原来乌七八糟的洗洗干净。我觉得这很有典型性，现在好多房子都需要动这个手术，恢复成一个正常的房子。我觉得这个建筑做得比较好，没有去刻意表现什么。因为特别是政府办公部门，本来就没什么特别好表现的，就是为办公人员和来访者提供一个放松的环境，那么建筑的背景其实是越淡越好。室内做得很好，很"往后退"，能够没有的尽量没有。我也注意到一些细节，比如窗台部分用了一个和白色涂料颜色比较接近的石头，以利于将来打扫，这些细节从今后维护的

角度讲是很细腻的。不知道将来植物、家具的配置设计师能跟他们配合到什么样的程度。陈设家具非常重要，这是跟人体最密切的接触，规划局的工作现在还是很繁重，工作人员还要长时间伏案工作，应该为他们创造一个比较轻松的环境。我觉得现在不是要做最奢侈的事情，而应该做最得体的事情，让人感觉到本身是受尊重的，这个房子在这点上把握得特别好。没有太多涂脂抹粉，这个心态是比较值得鼓励的。

钱强（东南大学建筑学院 副院长、教授）：我觉得这个房子做得非常干净，在很喧闹、商业气氛很浓的市中心出现这么干净的一个建筑反而非常凸显。大量运用黑色我觉得也是办公建筑设计的一个突破。虽然我生活中不太喜欢黑色，但是这个建筑外形做得比较干净，而且整体元素上也用了我们现代常用的一些手法，对办公建筑来讲反而是一种新的尝试。今天能有这样一个机会，建筑师和室内设计师一起欣赏一个建筑，感受一个建筑空间，我觉得是非常好的。我自己也是由建筑到室内再到建筑，建筑和室内的配合是非常重要的。

我对办公建筑比较感兴趣，自己也做过，包括一些改造。旧建筑的改造确实有大量的工作需要建筑师和室内设计师去做。关于办公建筑我想有几点可能大家比较关注：办公的舒适性、高效率和价值创造。规划局的改造，特别是中庭部分，在我国现有办公模式没有改变的情况下，把一个交流空间做活了，增加了交流空间，提供了交流平台，很人性化，我觉得这是改造最成功的一个地方。另外通过中庭改造增加了会议室，使功能更加明确，内外也更加明确。

其实随着信息技术迅猛发展，从空间上来讲，办公建筑可以说发生了翻天覆地的变化。比如我看到国外很多地方，随着无线上网的普及，已经不需要固定的办公桌了，可以在房间任何地方办公。而国内基本上办公模式还没有发生大的变化，还是非常封闭，不同科室间互相交流的机会比较少，这实际上不利于一个创造性的发挥。那设计师其实设计的不仅仅是一个空间，还有生活方式和行为模式。如果我们的室内设计师能够

向甲方提供一种新的办公模式的话，可能会把我们设计上升到更高的一个层次上。

　　廖杰（南京大学建筑规划设计研究院 院长助理）：我感觉这是一个建筑师参与度非常高的室内设计作品。现在建筑师可能责任越来越大，建筑应该从整体来考虑问题，包括整个城市的界面。如果每个建筑都在张扬自己个性，对于一组建筑可能就丧失了它的意义。这个楼原来转角处有个弧，我们印象都很深的，还有红色的色带什么的，当时开玩笑说这就是规划局画红线的地方。做了加减之后首先体量干净，从外延来讲可能是对城市进行的一个改造，从内部讲我觉得建筑师也要介入到室内设计的过程中来，室内设计师有些时候在设备的把控上面需要建筑师来协调。我原来也有过很多建筑师参与度较高的作品，特别强调空间和功能性，功能性得到满足之后，美感也就出来了。建筑师和室内设计师如果密切合作，不仅建筑是完整的，整个空间包括一些细节可能会更好地深化。

　　石赟（苏州苏明建筑装饰工程有限公司 设计总监）：我首先要感谢两位建筑师和室内设计师，他们正好解决了我的一个问题。我在苏州做了一个老人院的项目，这个老人院阳光很充足，景观也很好，后面有山，以致于我做室内的时候感到没什么好做的。这样一来，我心里就很不平衡。看了规划局的设计以后，我就发现设计师偏偏一直往后退往后退，退得都看不到在墙上的影子，以致于后来进入的人不会发出"这个设计师设计的造型不错，那个设计师设计的颜色不错"这样的评论。这可以说是我们这些年设计界拼命搞怪、拼命表现自己之后，到现在回复平静的一个转折点。其实这个房子显眼是显眼，但它在周围的环境中还是蛮谦虚的，很舒服地站在那里。我觉得两位设计师的心态都很好，不是很想表现自己，而是很平和地把一个空间处理得非常合理。

　　陈卫新（南京C+S筑内空间设计顾问有限公司 设计总监）：说起外立面颜色，想起去年我做

一个老楼的外立面改造，我做了一个深灰色，拿到这个规划局来批，没通过。他们当时建议我最好跟旁边一样，协调点，做个土黄之类的颜色。我觉得这说明了建筑师在这方面话语权高低的问题，年轻的设计师在规划系统也好，其他地方也好，做点尝试还不是那么容易。

　　就这栋楼来说，前面这片草地我觉得非常重要，建筑和街道的关系还是比较舒服的，天际线也比较低，没有特别强调。还有一个是关于"合适"的问题。我觉得合适其实是相对的，我做过这样一个项目，周围非常复杂，但这又是一个商业项目，业主非常希望建筑能跳出这个环境，那用一个很特别的颜色可能会起到一定作用。从规划意义来说，到底后建的建筑去适应原先的呢？还是应该引领街区整体提升？这是两个观念，是不是一定非要适应原来的？我觉得在适应上有一个主体与客体的关系。

　　吴峻：都市中心区域的建筑跟周围环境的关系其实是很大的问题。这是个都市更新改造的话题，可以有很多说法，比如要符合文脉，或者要标新立异。那么规划局所在这个位置，其实是南京蛮杂乱的一个地方，一路发展过来也没多少历史延续性。在这种环境里，规划局的建筑改造可以说给这个地区带入了一股新鲜空气，使这个地区往更加现代的方向前进。

　　何青（南京联合装饰设计院 副院长）：我觉得吴峻很幸运，能和好的建筑师合作，我们在很多案例中都碰到建筑先天不足的情况，我们做室内的就不得不做很多建筑设计的工作来补救。而规划局这个空间做得还是蛮好的，黑色给人权力和严肃的感觉，适合政府办公楼；内部空间也让人觉得舒适，因为办公环境多采用自然光时人们感受最舒适，老房子最大的问题就是采光不足，现在通过窗子的设计把这个问题解决了。而天井也让很多地方都能借到自然光。我觉得这些都很值得我们借鉴。

　　杨颜江（金螳螂设计研究院第七设计分院 副院长）：这条路我们也天天在走，看着老楼逐

步变成现在这样，很有意思。有时候做项目时，在与建筑师沟通过程中，他们好像更多考虑的是与周围环境的协调。吴峻在办公空间这个专业领域应该还是非常有话语权的，但我个人感觉，目前施工品质还是存在一些问题，建筑师和室内设计师想表达的一些东西可能还没有完美地表现出来。

设计策略：从"无缝"谈起

　　孙彦清（金螳螂设计研究院第七设计分院 主案设计师）：以前也从规划局这里路过过，还以为这是哪个公司的办公楼，没想到是规划局。今天进了门厅，这个锌板猛一看我还以为是马赛克，颇有建筑师语言的感觉；然后走到楼上，没想到做得这么朴素，我觉得这个很值得关注和学习。

　　张雷：大家可以看到我们室内用的材料类型实际上是很少的，有一个非常重要的细节是，很多地方都是用了这个格子锌板，因为我们当时讨论下来不希望在室内看到过多材料的拼接，希望能做到没有缝、这些面都是自然延续的。实际上这不管对建筑外立面还是室内都是个挑战，当然也可以用涂料，没有缝，但那就没有挑战了。而且某些重点部位还要稍微做点文章，比如门厅，既不希望很装饰，但还是希望能把空间表达出来。我最近还做了个软件园，用面砖，我就考虑用面砖能不能没有缝？用面砖最后无非就考虑最后怎么拼缝，没有缝是不可能的，但是能不能贴好以后感觉不到它的缝？我们最后做到了，道理就是用了两种不同厚度的面砖，错开来贴，利用阴影弱化了缝。其实我觉得设计里面所谓的创新常常来自于日常很小的细节的挑战。

　　韩冬青：这也引发了我最近一直在琢磨的事儿。现在建筑业有个大量依赖手工作业的问题，如果我们的工业化产品如室内的构配件都非常发达，有时候那些缝啊、线啊也不那么可怕。如果都是靠现场操作的人看看大概其差不

多，那设计和施工之间很多裂痕都没办法弥合。所以这时候就出现两种处理策略，像张雷是通过材料、通过空间交接的选择，这是个非常"建筑师"的方法，让这个缝的前提不存在，这样界面感比较完整。但室内设计也有另外一种更大量采用的处理方法我觉得值得注意：很多因为材质的品种选得太多，再加上建筑原来的前提，就会导致缝非出现不可，这时候就要"盖缝"，结果增加了更多的线。而且这个过程我怀疑有一大部分设计师根本就没意识到。很多线都是自己加出来的，是不是确实需要？这是一个设计策略的问题，我觉得有必要研究一下。像我们做设计时想要避免一些问题，但没有工程经验就根本无法预知会出现什么状况。比如忽然有一条很大的变形缝，结构说这个非有不可，我们就得想办法。但有经验的话可能你一开始就知道必有缝，就想办法让它断在一个阴角上，根本就没人看到，其前提就被消灭了。

吴峻：我们室内设计这个行业，我感到这几年大家做的元素都是太多了，就"简"不下来。简，谈起来容易做起来很难。特别是简到一定程度时你会感到害怕，再简下去是不是完蛋了？没效果了？其实不是。如果你想要做纯、做简，而且同样保持效果，我觉得从设计的角度要去考虑一些策略。材料的种类越少，空间语言就越干净，色彩也越统一。节点类型也是越少越好，这样施工出问题的机会就越少，统一性就越好。反过来，这就要求设计师对节点考虑得特别深入。各个方面考虑到，我觉得就能真正把设计"简"下来。

总结我们这次做规划局项目，我也很受启发。比如怎样利用建筑空间？建筑是存在在这里的，我们做室内不能脱离它。我最近做的一个项目，它的大堂是一个长方形的格子，空空的，我没有在这个大堂里做任何东西，除了一个小接待台，而且这个接待台还不是面对大门，我把它放在一个角落里。这样，一进门透过对面大玻璃就可以看见清凉山的城墙，景色非常好，我觉得我没必要再做什么了。我觉得这就是从建筑的角度，从和环境关系的角度可以去思考的问题。

石赟：说到色彩，我看到这个项目室内是以这种灰颜色为基调的，这是出于怎样的考虑呢？

吴峻：实际上整个建筑的基调都是控制在黑白灰三色中，只是控制的程度不同，各处的灰度不同，也是跟着结构来的。在层高发生变化时，换材料时，色彩的明度可以有些不一样，

不会突然变化，里面是有逻辑的。这是很建筑化的做法。如果都做成白的也不是不可以，不过也要考虑业主的接受程度。

韩冬青：这个颜色还是比较适合这个空间性质的。毕竟是办公空间，如果是娱乐场所这么做就太闷了。像建筑或艺术院校的教学楼建筑本身就不太适合做太浓烈的底色，因为研究的东西时刻在变，房子完全就该是一张白纸的状态，要研究的材质才能体现出来。我想这里将来进了家具，进了人会变得多彩一些。

潘开富（南京智点设计顾问有限公司 设计总监）：我觉得在办公空间里组织管理上的逻辑关系也是个很复杂的问题。我跟很多甲方也交流过，我们国内的办公模式为什么不能有很大的变化？比如都是卡座形式、会议室，其背后往往有其需求，有某种逻辑存在，包括心理和人际关系的因素等等。有时候我们做设计就没有理顺这个逻辑关系，往往是为了空间而去做空间。我们对此也做了很多调研，技术问题只要我们努力就可以解决，但内部逻辑关系最让我们头痛。

张雷：其实做设计肯定还是为人。比如规划局为什么要改造，不单是不好看，如果里面能用得很好也不会在意好看不好看。要真正理解业主的意图，才能把事情做好。设计师只有在真正了解了业主想要什么，然后用创造性的方式满足其需求的前提下，才有创作自由。我们刚开始做设计也是特别在乎自己要怎么样，有了个好想法哪怕跟项目不特别贴切也不舍得放弃。有经验以后就知道，要和需求结合起来，抽象的好想法是没有的。我们做规划局这个项目也是花了大量时间和业主讨论他们的真实需求，这是需要摆到台面上一点点沟通的。而且这其中不同层次的人需求也不同，得把这些需求都考虑清楚。如果都考虑到了，大家也觉得挺好的，我觉得这就算比较成功。抽象的造型、形式是没有坚实的存在基础的。对人、对生活理解得越充分，做出来的设计可能就更好。

建筑室内：交流与合作

韩冬青：我觉得今天特别难得，我们建筑师和室内设计师能坐在一起聊。我总觉得，我们现在与环境有关的这些行业之间太割裂了。很多情况下，建筑师很不了解室内设计师的工作状态，也不了解室内设计用到的材质、陈设，

那些产品从哪里来；室内设计师呢，也不是很愿意了解或不太知道建筑师是怎么想他建筑未来的样子的。而我们的一个共同点是：我们都不是未来最终的使用者，以后甚至再进去都不那么容易了。我们这样的隔阂其实是很可怕的，比方说现在有"外装修"，修改建筑的外立面，好像跟建筑师没什么关系。但建筑师可能不把这种行为视为"装修"，而是对自己设计的侵权。这样的提法当然不利于沟通，我觉得更重要的是应该意识到我们实际上是在一艘更大的船上工作，可能位置不同而已，但我们却很少配合。设计招投标、室内招投标、施工招投标，几个圈一转根本谁也不认识谁，因此根本不存在谁为谁接续啊、商量啊，最后责任也很好推卸：建筑师说建筑不错，都是室内没做好；室内设计师说我做成这样不错了，要不是我室内帮你补台，你这房子还不知道什么样呢！我觉得这特别不合适。应该借助媒体的力量，呼吁整个大行业要有一些联合的动作，行业之间要成一个系统，肯定比那种好像做了很多事情，实际上一件事情被割裂成很多段效果要好得多。

由此我也想到，同样一个题目，每个行业、专业的人都会不自觉地倾向于用自己的专业去诠释、去解决。比如同样一个商业店面设计，建筑师他想到的都是建筑设计的办法；室内设计师很可能沿用室内装修的方法做这个门面；幕墙公司就会想用幕墙来解决；如果是做橱窗的他可能会告诉你，什么都不需要，把墙洗洗干净做一个精致的陈列橱窗就行了。各个行当做出来的东西可能完全不一样，而且相互之间很难认同对方。我们国内这种"大设计"的概念是很不普及的，建筑师好像除了建筑什么也不懂，很少有建筑师能去设计艺术品、服装，甚至设计一把椅子都成了一种教学改革成果。其实像建筑设计、室内设计、商业展示设计，包括外墙设计，这么近的距离，应该找到一个共同的设计平台。这个平台的构筑我觉得在国内目前是非常差的，以至于大家都没法在这个层面上沟通。我觉得未必一定要分成室内设计专业和建筑设计专业，它可能是一个连续工作的两个段落。可以一个设计师从头贯到尾，也可以是一群设计师完成不同的段落，重要的是大家都理解这件事情本身的整体性。

徐纺（《室内设计师》主编）：这也是我们想要呼吁的事情，我们今天搞这样一个活动，乃至我们《室内设计师》本身的宗旨也是希望能促进建筑设计和室内设计的交流与整合。

韩冬青：对，我们自己不去做工作的话，

永远会受牵制，社会也会认为你是不相干的。为什么不能联合成立一个队伍呢？我了解到内蒙古有个项目，建筑师从建筑一直做到家具，而且室内和家具设计是免费做的。我问他为什么免费投入，他说与其以后让不相干的人都进来搞陈设搞标识，我受不了那个刺激，不如自己做了。这话很激烈，其实就说明这个隔阂是非常大的。但一个人所能掌握的知识、技能未必足够从城市关系做到任何一个细节，可能合作还是非常需要的。我觉得应该在行业里呼吁一种舆论的气氛。

张雷：我觉得建筑和室内都是大的设计行业当中的一部分，如果说区别可能想问题的尺度是不一样的。做建筑的可能在城市尺度上想事情，就忽视了小尺度。而设计这个行业又是很依赖于经验的，能从建筑到室内一直保持很好的感觉的还是挺少的。我前面说到建筑是一个有机体，可以说这基本上是一个雌雄同体的有机体，外面是男人，里面是女人，就是外面对城市的那一面刚性比较多，在城市尺度上不可能很细腻，而室内需要细腻一些。我们建筑师去做室内往往会让人觉得比较冷，亲和力不太强。我觉得还是有力量感的建筑和非常生动、人文的室内空间统一起来才会比较完美。

廖杰：我们也跟室内设计师接触，说实话是比较喜欢跟有建筑学背景的室内设计师合作，容易沟通。美术背景的设计师可能炫的东西比较多，功能方面弱一点。实际这些空调、水管之类的东西对界面影响非常大，没有这些技术结构的支撑做出来可能更像布景，不像个空间。

钱强：我觉得室内设计要对其使用群体负责，而建筑的界面面对城市，所以要对城市负责，要考虑到与周边环境的协调。如果是大型建筑要考虑大量人流出入造成的交通压力，超高层的要考虑风速压力，这样相对而言建筑设计要对社会负更大责任。那么建筑和室内是不是一定要相协调，我觉得话也不一定讲这么绝对。特别我们现在好多建筑只提供一个躯体，里面使用功能可能随时变化，里外完全可以分开考虑。

从建筑类型划分上来说，商业建筑和办公、文化建筑不同，更多的考虑的是商业利益。其设计比如一些广告牌的设置，可能只受建设规则的制定和执行力度的约束，再有就是取决于设计师理解认识问题的角度和自我约束能力。无论如何，我想，好的设计始终是好的设计。

韩冬青：提供个小经验。我也曾帮人家做过店铺设计，我体会我们现在讨论"建构"，这个概念实际也可以用在店铺设计上。店铺设计经常会混淆的是：把一个临时性的装饰当成了建筑的永久组成部分，这样就会把事情做乱掉。比如一栋办公楼的裙房部分可能由好几家餐饮、零售分别占据。每家都要表现自己，各种不同的表现方式撞击的结果，往往就成为城市里最丑陋的地方，大家认为这是个乱七八糟的地方，整体受伤害。我觉得装饰要和整体建筑区分开来，装饰可以各有不同，但要被镶到一个框框里面去。

戴方会（南京之间艺术设计顾问有限公司设计总监）：我想了解一下，现在设计师做建筑设计时，特别是功能性比较强的建筑空间，会不会请一些室内设计师介入到方案设计里去？

张雷：针对这种类型的建筑，我们一般都向业主建议，刚开始就和室内设计师一起配合，因为室内介入以后好多设备工种都会有很大的调整。像我们南大的好几个项目，都是我们一再建议，从刚开始就与室内设计师合作。一般来说，在国外做项目往往是由建筑师事务所牵头，包括材料选择、施工监理都是他们来找合作伙伴，这样连续性会比较好。国内确实大部分建筑做出来，多多少少是有问题的。室内设计师现有个重要的任务，就是把里面空间能调整的先要纠正错误。这个错误有主观的有客观的，一般很多都是建筑师在业主没有非常清楚的任务书的情况下设计而造成的。很多业主说你们先做，做了再说。特别是商业建筑，一开始没有招商，都是假设，都是先按最常规的去做，然后再调。绝大部分设计院出来的图，实际上是不大在乎平面的，时间很紧，基本上就是满足规划的要求，也让业主看起来觉得这房子还挺不错。业主又没有专业性的眼光，也不委托专业咨询公司来做，专业上无法把关，所以平面出来是很差的，导致室内设计师介入后可能第一件事是把造好的再拆掉，花很多时间调整，最后造成很大的浪费。这也是一个现状。

钱强：这可能跟具体的操作模式有关。我在日本就看到，做商业街，不像我们国内甲方直接找个设计师做，他们会先找商业策划公司，先招商，然后设计师再介入，这样在前期就整合到一起了。那国内建筑师一般不会请室内设计师来讨论，因为以后给不给人家做也不知道，除非我们很要好请你来帮忙看看。我想，以后随着酒店策划、商业策划、体育策划等大型公司慢慢介入，这种现象可能会逐步改善。

南京市规划局办公楼改造

| 撰　文 | 戚威 |
| 摄　影 | 胡文杰 |

地　点	南京市华侨路高家酒馆巷15号
建筑面积	12000m²
设计时间	2006年10月
建造时间	2007年~2008年
建筑设计	南京大学建筑规划设计研究院
设计主持	张雷
设计小组	戚威、王亮、袁中伟、游少萍
室内设计	南京万方装饰设计工程有限公司
设计主持	吴峻

■ 源起

南京市规划局老办公楼位于南京市华侨路高家酒馆巷，建造于20世纪90年代初。十几年的光阴变迁，城市环境已经发生了巨大变化，办公楼周围已经是高楼林立的商业中心。使用者感到无论是从内部功能还是外部形象上建筑已经落后于时代的发展不能满足现有的功能需要，他们需要一个更为现代、高效、充满人文主义的办公环境，更能够体现城市规划部门对于城市形象的期望与号召力。

这种改造项目在时下的中国具有普遍意义，由于时代和经济的限制，许多20世纪80年代甚至90年代建造的办公建筑都已不能满足当今的需求而面临着改造的需要。同时这种改造项目往往由于政府部门职能与形象的转变，办公模式逐步开放化、公共化，所以不仅仅是建筑形象的简单再造，更是整个建筑空间和功能的再生。改造工程往往比新建工程更具难度，受到了更多原有结构、构造、场地等各方面的限制，如果能够对于这一类项目有成熟的经验和策略，使老旧的办公楼重新焕发活力，无疑可以大量节约社会资源，符合可持续发展的策略，这也正是南京市规划局选择改造老办公楼而没有重新建造的主要出发点。

■ 城市空间

城市商业中心的快速建设，已经使办公楼周边充斥了各种形态和色调的建筑，老办公楼体型变化丰富，但在周边建筑的尺度下显得琐碎。作为城市建造的策划者，南京市规划局希望改造后的办公楼能够以低调典雅的姿态树立政府部门的形象，并且使周边的城市空间更加有序和完善。因此从建筑所处城市空间的完善与修补的角度出发，通过精确的比例关系推敲，将原有东、南立面的弧线突起削剪，化零碎为完整，形成完整的矩形体块。整合后的建筑体型肯定、完整，认知感在这里得以加强，以简洁洗练的形态梳理杂乱的城市空间环境，而不是以夸张的形体来对立于城市环境的复杂。作为简单建筑形体的外立面，建筑师同样希望以统一的逻辑来控制视觉形象，开窗的比例和细节蕴含了严谨的研究过程。建筑师倾向于采用典雅的竖向比例的窗，考虑到对室内采光和通风效果的影响，在保证每个单元房间都能有一个起到通风作用的开启条窗与能够满足采光要求的大窗的基础上，通过单元的组合形成具有数阶节奏变化的建筑立面，创造出丰富的视觉形态变化。在改造工程造价和施工时间有限的情况下，采用一种固定单元模块组合的模式无疑是一种最佳的选择。

1	5
3　4	6
2	

1　办公楼改造前
2　办公楼改造后
3　入口处坡道细部
4　入口处建筑细部
5-6　外景

■ 室内空间

传统的办公模式转变到开放化、社会化的新型办公空间。一方面要创造高效、开放的办公环境增加必要的会议以及研讨等业务交流空间，一方面还需要增加开放的公共交流空间满足规划局行政办公和市民来访的需求。基于这种前提，针对原办公楼的室内空间现状因地制宜地确定了对于不同功能空间的改造策略。

▬ 1. 开放性休憩空间的塑造

原办公楼入口在东侧，由于高家酒馆巷的拓宽，原入口已经占用城市道路，故此办公楼入口改至南侧，设置了一个相对较小的门厅，穿过门厅，东侧原入口门厅则改造成开放的咖啡厅并会有关于南京城市建设的书籍在这里出售，形成了一个开放的空间，阳光从东侧原入口的玻璃幕墙内照射进来，温暖而惬意，为到西侧政务大厅办理业务的市民提供了舒适的休憩空间，在这里可以了解南京城市规划的最新动向或者与工作人员进行交流。在入口处建立这样的开放空间，不仅建立了办公区与接待区的过渡空间更加作为了办公楼的会客厅，公共性的各种活动在这里发生显示出政府部门的开放性与公共性，更加鼓励市民对于城市建设的参与。

▬ 2. 开放性的交流空间

原办公楼在裙房二楼设置了一个三层高的采光中庭，尺度很大，办公空间围绕中庭环绕展开。从使用的效果来看并没有达到原设计方案的意图，原因主要是中庭内并没有设置相关的活动内容也没有提供相关的空间环境。故此，在周围都是忙碌的办公环境情况下，中庭只能起到采光的作用，效率大大降低。因此，为中庭空间增添更多的积极元素是改造中庭的关键，设计上考虑最大程度利用中庭空间的容量，再增加必须的功能空间的同时，还能够创造出舒适的休憩空间。设计中，以"桥"的形式，将中庭进行了二次划分，"桥"在不同的标高将中庭的

东西两侧连接起来，"桥"内的空间作为研讨室和会议室这类半公共服务性的空间，桥下以及桥上都可以作为风格不同的休憩空间，这样的休憩空间因为具有一定的私密性和限定性，有利于各种各样的活动展开。改造后的中庭，空间层次更加丰富，光线从"桥"间的空隙倾洒进室内，更增添了一道独特的景致，从而形成了一个兼顾实用性和趣味性的空间，使中庭成为整栋办公楼最为活跃的功能和活动的核心。

同时，我们加宽了建筑内部走廊的宽度，并且将结构中的圆柱特意的暴露在走廊内，目的是弱化走廊和房间的线性空间组织模式，使之而更像是公共空间内的一个个的节点。这样的方式使走廊避免成为单一的交通途径，能够成为又一个交流的空间。在现实的使用中，经常可以看到工作人员背靠圆柱驻足讨论，充分实现了设计的意图。

▬ 3. 开放型的办公空间

原办公楼采取了单元式的办公模式，办公环境和效率都已经不能满足目前的要求。在这次的改造中，办公模式采取了单元式和大空间相结合的模式，以部门作为大空间办公的基本单元，辅之以独立的单元办公空间。这样办公模式提高了有限的空间的使用效率，并且加强了办公人员的交流，与其他会议、研讨等开放空间相搭配，形成了一个以开放型、交流性、公共性为主导的新型的办公空间体系。

■ 结语

规划局办公楼改造建项目是一项带有政府色彩的改造工程，因此一些特殊要求不可避免又无法忽视，但设计和实施的过程与结果仍然反映出使用者和设计者对城市空间的尊重和建筑本体的关注。改造工程的成功和新办公楼所呈现出的优越品质对于城市中心以及这个城市都有着深刻的意义，因为它为这个城市中数以万计的老建筑提供了一个新的可能性。 END

1-2 外景
3 开窗比例
4-5 外立面局部
6 屋顶平台

剖面示意

二层平面示意

三层平面示意

四层平面示意

1　入口门厅内景
2　办公单元
3　楼梯间
4　"桥"空间关系分析
5-6　"桥"

白色海洋梦: Olivomare 海鲜餐馆
OLIVOMARE RESTAURANT, LONDON

撰　　文	王粤砾
图片版权	Giorgio Dettori, Pierluigi Piu

项目名称	Olivomare海鲜餐馆
地　　点	伦敦Belgrave大街
设　　计	Architetto Pierluigi Piu

　　Olivomare，坐落于伦敦奢华住宅区的一家意大利海鲜店，设计师 Pierluigi Piu 以形式语言及装饰语汇将店内的海洋氛围演绎得活色生香，给顾客们以一种幽雅的愉悦感。

　　80m² 长而窄的空间内包含了位于一层的入口、可容纳 50 人的就餐区、吧台、洗手间以及位于地下层的厨房和贮物室。整个空间内并没有如一般人所期待地使用象征海洋的蓝色，而是代以大面积的白，从墙面到顶棚、从环氧树脂地板到可丽耐吧台，白色成为最佳的中性背景，如潮水般包围了整个空间，让所有元素和谐地聚集在一起。

　　入口门厅是通向餐厅和上层空间的过渡空间，设计推倒了原入口与就餐区之间的隔墙，以细框玻璃隔墙代之，菱形玻璃网格让人自然而然地想到渔夫用的网。通透的视觉感受让两空间有机结合，也让后部较小的就餐区域显得更加宽大。

　　就餐区被分为一大一小两部分。大就餐区位于前部，空间内最引人注目的莫过于长达 9m，嵌满鱼形图案的背景墙。设计师 Pierluigi Piu 从著名视觉艺术家 Maurits Escher 的画作中得到启发，将四种不同颜色的不透明多层板以激光切割成型，再将它们拼合于立面上，就如同一幅巨大的拼图，鱼儿的眼睛巧妙地遮盖了固定用的螺帽头。拼装工作，历时四个星期才完成，最终的成果比印刷效果更有质感，也更具艺术价值。

　　与鱼形图案背景墙相呼应的是自吊顶垂下的一排"触角"。这些由尼龙网做成的"触角"有的打着卷，有的绻曲着，在顶棚凹槽内灯光的照明下，如同一群迷路的水母或海葵，在白色的顶棚上洒下斑纹投影，又如同水下波纹的旖动。

　　当然，大就餐区内还有其他一些不能让人忽视的元素。设计师在单体的桌椅之外，依墙面以不锈钢支架撑起与墙面一样长达 9m 的软包坐椅，让空间更具整体感。白色的可丽耐吧台的一侧以 9 个孔洞成功收纳了各式刀具，而吧台上方的吊灯则提供了充足的工作照明。吧台的旁边是通向地下层厨房的楼梯，楼梯边的空间也被设计师善加利用，专门设计的柜子可以放下服务人员的工作所需。

　　较小的就餐区域位于空间的后部，顶上的天窗让空间沐浴在充足的自然光线中。在此空间，设计师对墙面的处理更趋简洁。波浪形的曲线造型是风吹过沙滩留下的痕迹。置于顶棚灯槽内的隐藏式照明让波浪的线条根根清晰毕现，而墙面精细的丝绒饰面处理则带来完美的阴影效果，两者结合让整个墙面具有了立体般的雕塑感。

　　打开小就餐区后部的门，是通向洗手间的走道。鲜红的珊瑚枝纹样自门蔓延至墙面、顶棚，无拘无束，打破了边界的概念，连成一体。明艳的色彩和动感的线条与就餐区纯净的白形成强烈对比，给人以不期然的惊喜。■

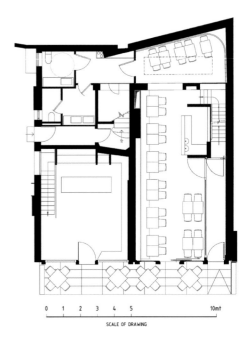

0　1　2　3　4　5　　　　　　10mt
SCALE OF DRAWING

1 海鲜餐馆与属同一家公司旗下的精品店共享着紫色的门面
2 入口过厅，左侧的菱形玻璃隔断将主餐区与入口分开
3 一层平面图
4 鱼形图案的巨大拼图妆点了主就餐区

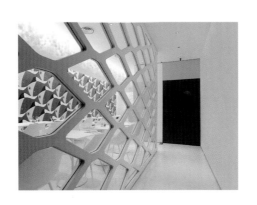

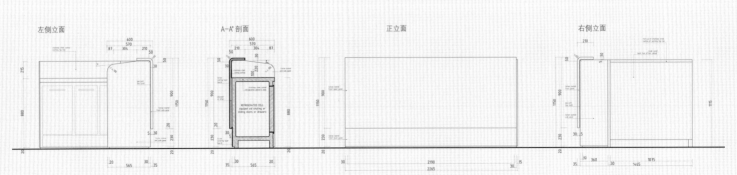

左侧立面   A-A' 剖面   正立面   右侧立面

1	2
	3
4	5

1 顶部垂下的一排"触角"与鱼形背景墙面呼应
2 主就餐区
3 吧台
4 吧台区域立面图、剖面图
5 吧台区域平面图

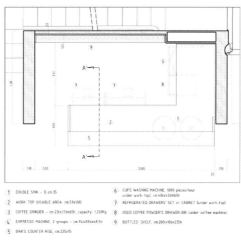

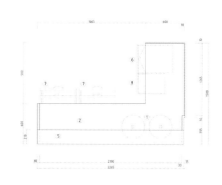

1 DOUBLE SINK - Ø cm.35
2 WORK TOP (USABLE AREA cm.57w130)
3 COFFEE GRINDER - cm.23lx37dx65h, capacity: 1,250Kg
4 EXPRESSO MACHINE, 2 groups - cm.74lx58dx48,5h
5 BAR'S COUNTER RISE, cm.235x15

6 CUPS WASHING MACHINE, 1000 pieces/hour
    under work-top, cm.40x42dX65h
7 REFRIGERATED DRAWERS' SET or CABINET (under work-top)
8 USED COFFEE POWDER'S DRAWER-BIN (under coffee machine)
9 BOTTLES SHELF, cm.200l×10d×235h

I	4
	2 5
	3

I   空间后部的小就餐区

2.4.5 由防火的多层板制成的墙面背景，连绵的曲线如同风吹过的沙滩

3   天窗将丰富的自然光线带入室内

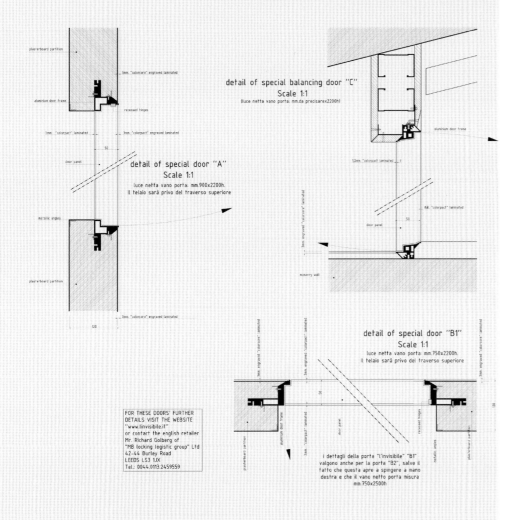

plasterboard partition

3mm. "colorcore" engraved laminated

aluminium door frame

recessed hinges

3mm. "colorpact" laminated   3mm. "colorpact" engraved laminated

door panel

detail of special door "A"
Scale 1:1
luce netta vano porta: mm.900x2200h.
Il telaio sarà privo del traverso superiore

metallic angles

plasterboard partition

3mm. "colorcore" engraved laminated

120

detail of special balancing door "C"
Scale 1:1
(luce netta vano porta: mm.da precisarex2200h)

aluminium door frame

12mm. "colorpact" laminated

door panel

3mm. engraved "colorcore" laminated

masonry wall

detail of special door "B1"
Scale 1:1
luce netta vano porta: mm.750x2200h.
Il telaio sarà privo del traverso superiore

plasterboard partition

aluminium door frame

3mm. "colorpact" laminated

door panel

3mm. engraved "colorcore" laminated

recessed hinges

metallic angles

plasterboard partition

FOR THESE DOORS' FURTHER
DETAILS VISIT THE WEBSITE
"www.linvisibile.it"
or contact the english retailer
Mr. Richard Golberg of
"MB locking logistic group" Ltd
42-44 Burley Road
LEEDS LS3 1JX
Tel.: 0044.0113.2459559

i dettagli della porta "l'invisibile" "B1"
valgono anche per la porta "B2", salvo il
fatto che questa apre a spingere a mano
destra e che il vano netto porta misura
mm.750x2500h

	2
1	3
	4
	5

1 洗手间内鲜红的珊瑚枝纹样包围了整个空间

2 宽大的无框镜面立于白色可丽耐水槽上，掩盖了给皂器和干手机

3 门节点图

4-5 由红白两色双层板制成的洗手间墙面，给人以不期然的惊喜

喜力概念店
HEINEKEN THE CITY

撰　　文	王粤砾
资料提供	Tjep.

项目名称	喜力概念店
地　　点	荷兰阿姆斯特丹
设　　计	Frank Tjepkema, Janneke Hooymans, Tina Stieger, Leonie Janssen
面　　积	250m²

要如何设计喜力的第一家概念店？只是简单地把家居和陈设都填进指定空间里？当然不行。在阿姆斯特丹市中心的喜力概念店中，Tjep. 希望带来一种冰凉的畅快感，如同喝下一杯新鲜的超冰喜力。为了让此概念转化为最终的展示，设计演绎了一场从地面到墙面、顶棚延续而来的抽象又具有活力的冲击波运动。

喜力概念店旨在强调喜力的国际化形象。店铺分成四个部分，包括时尚、音乐、啤酒和旅行，希望可以刺激顾客所有的感官体验。时尚部分出售时尚边缘设计师特别为喜力设计的服装等，首个在售的是 Daryl van Wouw 的作品。音乐部分专为年青音乐家的音响作品而设。旅行部分则负责由喜力组织的各项活动和旅行的票务工作。啤酒当然是不可或缺的，与啤酒相关的产品也可以在啤酒店中找到。除此之外，还可以自己订制极具个人风格的啤酒瓶。

当一踏进喜力概念店，就会感到扑面而来的冰意。面对入口的墙面创造性地选择了金属材质，并用真正的冰在墙面上刻画出喜力的标志。入内，冰凉的设计理念贯穿于整个店铺。3 层高的大冰箱里存贮了来自世界各地不同市场的喜力酒瓶。在冰箱同侧的墙面上，600 只喜力酒瓶沿墙面排列，形成冰晶的造型。店铺中心区以楼梯突出强调，玻璃的质感，将冰的感受继续传递到上层空间。由于地面材料选用了 Senso 公司的新产品，整个地面呈现出冰裂纹样和水印。就连店中的收银台也被塑造成水晶的形状。

为了达到革命性的突破效果，店铺在设计中采用了不少最新科技，其中包括语音的镜子、3D电视屏幕、冰墙和交互式的柱子等。店内照明全部采用 LED 光源，这在欧洲尚属首次。[END]

1		4
2	3	

1　刻着喜力标志的冰墙
2　店铺外立面模型图
3　冰力十足的室内隐藏在并不突出的外立面下
4　玻璃质感的楼梯将冰的感受继续传递到上层空间

"We believe that life is more rewarding if y

who and what you are."

A. H. Heineken

1	2	5
3	4	

1-2　由喜力酒瓶在墙面拼出的冰晶图案
3　店内除了酒，也出售设计师特别为喜力设计的服装
4-5　三层高的冰箱与冰箱边的墙面都是喜力酒瓶的展场

```
    4 5
1 | 2
    3 6
```

1-2　办公区域内也不失冰凉滋味，自顶棚垂下的金属球如同升在半空
　　　的汽泡

3　　贯穿始终的冷酷由楼梯间连接

4-5　店铺内专为青年音乐家而设的音乐空间

6　　店内的票务中心为旅游与喜力的各种活动而设

亚寒带法国饰品店
SUB-FRIGID ZONE FRENCH ORNAMENTS STORE

| 撰　　文 | 高立平 |
| 摄　　影 | 文宗博、潘宇峰 |

项目名称	亚寒带法国饰品店
地　　点	苏州市工业园区旺墩路158号
设计单位	北京优恩空间环境设计有限公司
设　　计	高立平
面　　积	299m²
主要材料	白水泥、木材、型钢、钢板网、石头、玻璃

"亚寒带"是一家经营装饰品的商业空间，坐落于古城苏州园区金鸡湖边，由保罗·安德鲁设计的科文中心内部，店面朝向水雾缭绕的湖面，天水之间偶见几墨皴法，李公堤便慢慢显隐飘移，在苏州山水之怡、林泉之趣的雅致意境里，依然能渗出千百年来浸涵的文化底蕴。"亚寒带"法国饰品店以其异域风姿，充满结构张力的新语言旋律，进行了一次历史、文化、自然、科技、商业共生的合弦。至此，"亚寒带"品名的由来也颇具几分地域色彩，环境设计也只有对人文背景的尊重才能使作品的生命力有机地释放出来。泥古与刻意求新都会让人感到肤浅。北方挺秀涛涛的松林，那充满意境的遐想与江南隽秀幽扬的意境，北方的刚烈粗放与江南的精致细腻性格特征，通过特定的空间和谐融汇。

饰品店定位在一个不规则的矩形空间中，在长21.8m，宽12.6m，高6.2m的空间内展开，两侧对应立面为隔间实体砌筑，另两面为玻璃结构出入口，顶部为各种设备管道，面对此条件设定及展示功能需求决定了展示空间设计的基本原则——空间内所有的形态均为展示产品的目的提炼出必然的结构关系，杜绝一切浮表的修饰语言，被剥去外衣的骨架自然生成。既重视空间环境中的基本信息符码的深层关联性，而非一般的符号表象，基建于通常的审美法则，又超越客观物理现实的逻辑范围。

在我看来，当身临一处环境中，想用语言来表述其全部反馈是非常困难的，至少有限定思维想像之嫌，也，只能是仁者见仁、智者见智吧，在此空间中基本的信息符码，只有顶部的各种不规则的设备管道，也只有把这唯一的形态基因通过扩展、变异和重组，使之在空间中

形成新的视觉关系且从属于空间视觉的边界设定中，才能真正达到阻断一般视觉习惯的效果。20世纪60年代，爱德华·洛伦茨的"混沌理论"中提出："输入的细微差异可能很快成为输出的巨大差别。"混沌理论是一种兼具质性思考与量化分析的方法，用以探讨动态系统中（如：人口移动、化学反应、气象变化、社会行为等）无法用单一的数据关系，而必须用整体、连续的数据关系才能加以解释及预测之行为，所以对环境中的基本符码的认识角度不同，同样能产生"动态的"关联性图式基因，形成新的自组织系统。这种基因形态自上而下的散落分离、聚合，在空间的线性轨迹中寻找各自的位置，确立尺度、排斥异己，又无法阻断相互的影响。客观物理现实的动态趋向（环境中每一基本形态的定位、走向、发展趋势）使心理拟象（环境中的无形虚体）感觉到充实、饱满，反之心理拟象反作用实体形态，实体边界便收缩、移位，这便是空间中的动态效应。就如同自然界生态链的繁衍兴衰，每一基因的破碎，细胞的再生，同样表现出新的生命组合系统一样，设计也一定要在自身的DNA中逐步加强认识和接受不断的变化。

其实设计不是单纯的个人信息反馈，而是非常复杂的社会资源的整合，所以很难到达完美，但是过程却是意义重大的。跳出一般意义对单纯商业空间装饰思维的图围，而从人文广角进行全息观照，将人内在的审美需求感受演绎出来是本案的期盼。一切环境的意义皆因人为主体，那么环境设计的意义也将如同富有生命和独立的精神力量的生命体一样生长出来，在通感的层面上达到精神力量的获取和释放的双向反应。END

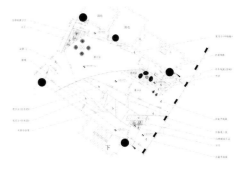

1-2 空间分隔及动线走向根据产品展示的分配面积布置，以木、石等原生态材质烘托商品

3 平面图

4-5 两侧对应立面为隔间实体砌筑

	2
1	
	3 4

I.2.4 竖向空间的多级变化，既有功能使用的需要，同时也链接了水平空间分布的系统性
宛如悬浮在空中的楼梯为空间凭添一种梦幻色彩

3 夹层立面图

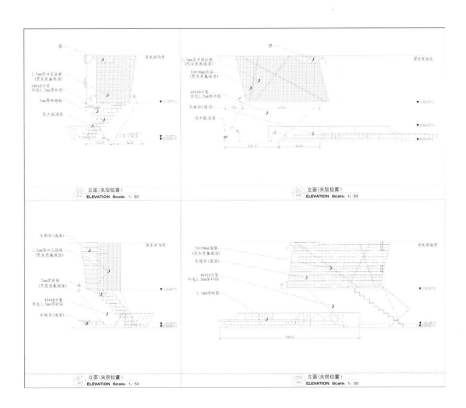

1-2 不同材料的展示盒体穿插变化，带出速度感与张力
3-4 山石生长状态及亚寒带白桦树，使哥特风的法式设计更形冷冽神秘

刹那芳华：
2008 北京奥运会大众车展厅
MOMENTARY BRILLIANCE: VW SHOW ROOM

撰　文　│　LW、王英迪
摄　影　│　胡文杰

地　点　│　北京奥林匹克公园中心区面积：占地2000m²，建筑面积约1200m²
设计时间　│　2007年10月~2008年2月
施工时间　│　2008年4月~2008年7月
业　主　│　德国大众集团
设　计　│　德国Cebra设计公司
施　工　│　安宝示集团

作为奥林匹克运动会的赞助商，大众汽车公司在 2008 北京奥运会和残奥会期间通过建构的表现方式参与了奥运。虽然是一座临时性建筑，但大众公司还是将他们的展台搭建得美轮美奂，运用声光电等高科技手段营造了出不乏现代气息而又如梦如幻的水色光影。

大众展区总面积为 2000m²，展出大众汽车集团下属的 VW，Audi 和 Skoda 品牌轿车。展区有东、西、北 3 个入口，弧线形的水墙迎向参观者，延伸贯穿整个入口区域。水从媒体展示区的背景幕上不断的流出。无论观众从哪个入口进入，都会立刻感受到展示的魅力。水墙的玻璃立面高约 8m，由一个焊接而成的钢结构支撑玻璃弧形屋顶，遮盖屋顶的玻璃是夹层安全玻璃。整个系统的构筑是完全不透水的，在玻璃立面的最高点通过立面的承重结构供水，水由最高点往下流，宛如一幅完整而流动的壁画覆盖整个玻璃立面。在玻璃墙的遮挡下是 7 个玻璃盒子一样的展位，用于展示汽车或者其他展品。

弧形玻璃屋顶下方是 2.3m 高的媒体带，由总长 70m 的相等的两层 LED 墙组成，底层 LED 采用了较低精度的 MITRIX 系统，主要用来渲染整体气氛，配合并构成面层 LED 展示内容的宏大背景。在它前面是 9 块移动的高精度的 LED 模块，随着展示内容的演绎进行着快捷的组合变化。在这两层 LED 墙前则是悬在空中激情表演的艺术家。参观者可以在看台上欣赏表演和展示，台阶和斜坡既能方便参观者向上走，也方便他们坐下来欣赏舞台上的表演。

遮盖同样是 70m 长的室外大露台的是 5 把巨大的伞，这也是整个展区最炫的部分。这些伞形如朵朵繁花盛开，在夜间通过灯光的衬映更是色彩斑斓，不仅造型美观，还可以为参观者遮阳挡雨。斗型大伞由 8 个支撑杆连接巨大的预埋钢基座和通过圆形的钢架相互支撑的 8 个向上伸展的巨大伞架，伞架间覆着白色高强的伞膜。舞台场景由台阶和斜坡构成，面层全部采用石，木，铝高科技复合地板。出于安全考虑，玻璃围栏上的扶手部分采用不锈钢。固定玻璃围栏在地板下方与钢结构隐蔽连接，地板上方的部分处理得挺拔简洁。

室外大露台构成了两层主体玻璃建筑二楼室外到媒体带地面层的自然延伸部分。露台的石板面层贯通了被落地玻璃立面分割开的室内外空间，只在贵宾和媒体休息区处变换成用优雅质感的地毯铺设。在地板和顶棚之间玻璃隔断错落有序，其上饰有雅致的奥运赛事图案。主体建筑的底层为会议办公区，供董事会、访客、工作人员、技术人员等使用，以保证他们不会被参观者干扰。董事会区、管理层区和内部区域各有单独的入口，分别设在建筑物的南侧的中央和东西两角。除此之外，室外大露台的下方被巧妙地设计为技术用房区，与办公区一廊之隔，方便了各项建筑功能的高效使用和管理。

当暮色降临，可变换颜色的射灯将 5 把大伞化作摇曳生姿的异色奇葩，投影在玻璃立面上，映出重重镜花水月的幻境。虽是刹那芳华，亦足以令观者迷醉。 ▪END▪

| 1 | 2 |
| | 3 |

1　上釉的顶层公共区犹如镜面般映照出舞台，实体与倒影交相辉映，亦幻亦真、流光溢彩
2　水墙的水沿弧形立面流下，宛如一幅完整而流动的壁画覆盖整个玻璃立面
3　日光下，5 把大伞投下阴影，为参观者带来荫凉

1	4 5
2 3	6

1   夜色下，整个展厅空灵通透，犹如虚空中的花朵

2   玻璃立面映出天光伞影

3   展厅内，灯光更添名车华彩

4-6   办公区风格简洁清爽，饰有雅致的奥运赛事图案的玻璃隔断错落有序

SLOWLY 书店
SLOWLY BOOKSTORE

资料提供	何宗宪设计有限公司（Joey Ho Design Ltd）
摄　影	Graham Uden、Ray Lau

项目名称	SLOWLY
地　点	香港旺角
设计单位	何宗宪设计有限公司（Joey Ho Design Ltd）
设 计 师	何宗宪（Joey Ho）
建筑面积	370m²
竣工时间	2008年6月

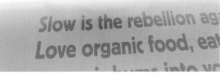

现代社会分秒必争，人们每天的生活犹如和时间竞赛。有时候即使自己不是赶时间，但置身于熙来攘往、人群来去匆匆的稠密城市环境里，步伐都会不期然加快。位于香港九龙旺角朗豪坊商场的崭新概念店SLOWLY，却反其道而行之，主张一种"慢活"的生活美学，鼓励城市人偶尔放慢脚步，欣赏生活中美好的点滴。

SLOWLY 集咖啡店、书店和网上电台于一身，其经营概念仿效意大利人懂得享受人生及追求完美的执着，推广"慢活"的生活态度，目的为带动一股崭新的次文化。除引入意大利咖啡店 da dolce 外，SLOWLY 还包含设计书店"书得起"及香港首个以创作为主导的创意频道 radio dada，以轻松的手法为本地年轻一代建立一个具国际视野的创意设计平台，鼓励大众享受生活、追求精神富足。

为配合店铺的崭新概念，设计师何宗宪（Joey）以一清新形象打造新店，给人悠闲自在的感觉。店铺位于朗豪坊商场地库，正值扶梯交错的位置下，人群鱼贯而行，来去匆匆，因此设计师特意使用圆滑及流线型的设计配衬净白色的主调，跟商场昏黄及错综复杂的建筑设计形成强烈对比，藉此让人放慢脚步，缓和紧张的心情。书店设于中庭，游人可沿弧形书架进入餐厅，再从另一边到达 radio dada 的直播室，环环紧扣的空间以亮白的色调、大胆的几何线条及富有趣味性的图像连系着，成功为繁忙的大城提供了一个开放、悠闲的文化绿洲。

"这里靠近地铁出口、人流多，大家走路的速度都很快，而这里偏偏也处于扶梯交错的位置下，所以我最着重的是怎样将这个位于地库的空间，与上层人流最多的地面做一个强烈的对比。"Joey 解释说。"SLOWLY 整个感觉跟朗豪坊带有"解构主义"的建筑结构相反，我们用上圆滑和流线型的设计，希望这里能令人放慢脚步，轻松一下。"

占地 370m² 的 SLOWLY 分别由几个独特的区域组成：外形犹如古董收音机的网上广播电台 Radio da da、专门售卖本地及海外设计书籍与杂志的"书得起"、以球形冰淇淋为设计概念的咖啡店用餐区以及摆放了多张白色光面长桌的用膳区。设计师特意采用强烈的灯光突出了 S 型的冰淇淋柜和杂志架；而 Radio da da 那边的空间比较大，整个设计表现悠闲恬静，在播音室前面摆放了一排排长桌子，像旧式公共图书馆似的，创造出一种很现代化的旧式情怀，让大家可以聊天，听听电台节目。

由于概念店本身已包含三个题材丰富而且各具独特的部分，因此 SLOWLY 的室内设计刻意以低调的手法处理，让各类设计书籍与杂志、色彩缤纷的冰淇淋和有趣的图案从纯白的背景凸显出来。墙上及灯罩上的有趣手绘图案名为"Ugly Beauty"，是由著名品牌形象设计师李全铨（Tommy Li）操刀设计，那些穿着高跟鞋的大象、播放围棋节目的电视机、正在打顿的咖啡杯及时分针被上锁的蜗牛图像，充满抽象的意境之余，也彷佛在告诉大家：生活是可以比想像中活得慢一点。END

1	4
2	3

1.3 用餐区，白色光面桌椅与装饰灯、柱子、扶梯的斑斓图案相映成趣
2.4 各类书籍、杂志，色彩缤纷的冰淇淋从纯白的背景中凸显出来

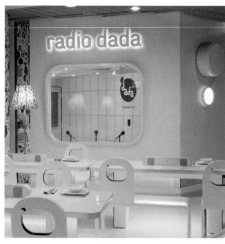

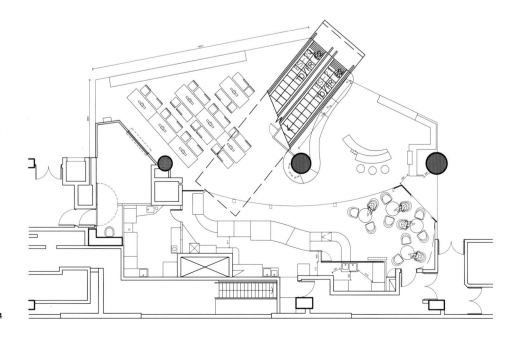

1	2
3	
4	

1-3 充满动感的弧线设计，净白的主调，与商场昏黄的灯光和错综复杂的建筑设计形成强烈对比

4 平面图

国家汉办暨孔子学院总部
CONFUCIUS INSTITUTE HEADQUARTER

资料提供 | Kokaistudios

地　　点	中国北京
程　　序	国际竞标
客　　户	国家汉办
面　　积	12000m²
专业服务	方案设计
深化设计	施工图设计
设计时间	2007年5月
竣工时间	2008年1月
设计团队	Filippo Gabbiani、Andrea Destefanis、熊来胜、杨璇、李伟、俞峰

孔子学院是一所非营利性的公益机构，旨在推动和促进中国汉语言文化的研究。自2004年韩国成立了第一个研究机构后，世界各地的孔子研究分支机构纷纷建立起来，目前全球已有260个之多。鉴于全球孔子研究热潮的兴起，中国国家汉办决定在北京这个文化中心建立全新的孔子学院总部并对其总部室内设计项目开展国际竞标，Kokaistudios 也应邀参与了该竞标。

新的孔子学院总部距京师九门之一的德胜门城楼约200m，位于德胜尚城A座（南部）。整栋建筑由著名的中国建筑师崔恺设计，极具现代感，而外部立面采用传统的灰砖，将传统文化与现代元素相融合。

参与该项目的国际竞标，在设计上存在着很多挑战，首先是其复杂多样的功能要求：包括一个展览场地，一个会议中心，一个书店以及众多会议和教室，行政用房及 VIP 办公室等）；其次项目的规模巨大；最关键的是整个项目设计所体现的主题：用外国设计的视觉重绎中国传统建筑与装饰。这个课题给我们提出了全新的挑战。中国是个拥有悠久历史的多民族国家，历史文化有着强烈的地域差异，因而要全面概括地诠释"中国化"难度很高。我们将关注点主要落在了孔子学院这个组织机构上来定义这个"中国化"，同时为将来置身于这个空间的人们着力营造一种微妙的不可言喻的主观体验。

基于项目原来的平面规划以及部分建筑和结构的有力改造，我们设计了一座中国传统的城址：有河道以及自然景观围绕，形成一个合理的几何平面规划的传统中国化城市。

概念中的"河道"是连接该建筑南北两个入口的双层高的大型中庭，此处原来被一个开放通风的庭院所分隔，现承担起整个项目所有公共功能的区域。地面采用绿色大理石地砖拼铺，日光透过新建的玻璃屋顶散落，折射在地面上，犹如一汲清泉盈贯入室。顶棚上悬吊着数以千计的黄色铝制板，视觉上形成有趣的光影效果，同时也使人联想起紫禁城的传统琉璃瓦屋顶。

中庭一边竖立的高墙在空间上起到分隔作用，在平面上构成中国理想城市的建造格局，九宫格布局，将传统文化融入建筑之中。

墙面用特别定制的红色倒角玻璃砖拼铺而成，表面特别抛光的处理在视觉上形成很强的反射感，同时又显得非常柔和。

在一楼以这堵装饰墙围合的空间就是项目的展览场地。木制和灰砖材质的地面交错贯穿各个展示分区，木制板条铺成的地面，同其对应的顶棚线条保持一直的走向，空间上形成很好的对应性。

在二楼，新建的钢结构石材的楼梯通向会议中心和公共的会议室。整个二楼用于空间分隔离的木制隔断都是可移动的，整个空间可方便地转变成一个巨大的房间，用以承办国际孔子研究机构年会之用。这个会议中心原来的室内层高相对较低，在设计中，我们通过对机电设备的创意设计和仔细研究，使得层高得以最大程度地提高，赢得更多的室内空间。

"自然景观"的营造，在设计上由分布于地下室至屋顶平台的多处庭院和屋顶花园实现，我们设计了许多木制长椅供人休憩，还有别具传统特色的凉亭，让人们可以将北京的风景尽收眼底。位于顶层玻璃房的 VIP 会议室可容纳30人，同时也可一览北京风貌。

建筑三至五层为各部门的行政和 VIP 办公室。楼层内的过道铺设灰白相交的石材，带给人们对传统中国城市里坊间小巷的美好回忆。

1-2　外立面，灰砖与大玻璃的搭配简洁大气，将传统文化与现代元素相融合

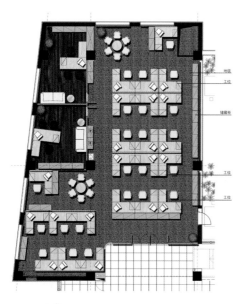

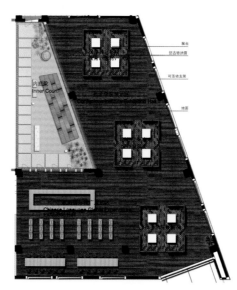

1	2	5
	3	6
	4	

1 "河道",日光透过新建的玻璃屋顶散落,折射在地面上,宛如
清泉入室。顶棚悬吊黄色铝制板,形成有趣的光影

2 会议区,利用对机电设备的调整巧妙地提高了层高

3 办公区

4 平面及材质

5-6 木制和灰砖材质的地面交错贯穿各个展示分区,木制板条地面与
顶棚的线条走向保持一致,形成良好的空间对应性

对于艺术的思考：艺术学院，柏林
ACADEMT OF ARTS

撰　文	罗萍嘉、钱丽竹
摄　影	罗萍嘉

项目名称	艺术学院，柏林（Academt of Arts）
建筑师	Günter Behnisch & Partner
建成时间	2005年
总楼面面积	15350m²
实用楼面面积	13750m²

近70年间，柏林的艺术学院经历了数次建筑的停建以及饱受资金的困扰，终于返回了柏林的 Paiser 广场的历史旧址。Paiser 广场可谓是柏林的中心地带，这里有象征着柏林的勃兰登堡门、诺曼·福斯特所设计的德国议会大厦、弗兰克·盖里设计的 DZ 银行以及著名的 Adlon 酒店。在 Paiser 广场周围众多重要的建筑中，只有艺术学院的外立面采用了大面积的玻璃表皮，显然它的创意来自于这片土地上其他正面为石头的建筑物。建筑师将光滑、冰冷甚至是有些冷酷的巨型玻璃表面在 Adlon 酒店和盖里的 DZ 银行的巨石之间延伸。玻璃和石头这两种材质在这里起到了很多对比的效果，轻盈程度的对比、软硬的对比、空间穿透性与开放性的对比。也因为其独特的立面，艺术学院在 Paiser 广场中具有眩目的特殊性，它像是一个大大的惊叹号宣示着艺术的解放与自由。其设计的意图也有别于其他公共建筑，当多数人无法走进这里的大使馆、酒店和银行时，他们可以去这个艺术学院，因为它更倾向于大众化。通过其入口、迷你咖啡座、书店、阅览室和展厅，该建筑设计故意扩展了对人们的行为邀请。视觉上和行为上均没有设置任何障碍，也没有想隐藏些什么，它的目的在于和大家一起分享所有。

该建筑的建筑师是 Behnish，他参与了众多德国的大项目，其中两个项目影响巨大，一是他和 Frei Otto 一起为 1972 年慕尼黑奥运会所设计的奥林匹克露天运动场，该设计为整个运动会得以顺利的进行带来了欢快与愉悦的氛围；另一个是他设计的，于 1992 年竣工的波恩联邦议会大厦，该建筑带有谦逊的民主色彩，被认为是现代化建筑的楷模。从 1994 年起，Behnisch 已经成为该艺术学院的一分子，他为艺术学院建造新建筑的想法最初被政府所搁置——似乎柏林的决策者对于那些可以将某些旧式辉煌带回柏林的项目极有兴趣，而 Behnisch 所设计的看起来有些"冷酷"的新建筑在当时并没有太多人欣赏。然而在经历了众多阻扰后，Behnisch 所设计的艺术学院于 2005 年 5 月在柏林的正中心对公众开放了。在现在看来，无疑他为这个城市的心脏注入了新的血液。它通过专家评判委员会提及的挑战性的结构建筑促进了德国建筑学的新发展。

当人们从 Paiser 广场走进艺术学院的入口大厅，几乎感觉不到倾斜的地面，但就是这一点点轻微的倾斜却在入口就表示着这个建筑的与众不同，也是设计师有心吸引公众进入的一个创意之举。与其他学院类建筑不同，及其夸张的开放程度与解构主义的造型迎接和包容着各式各样来往的人群。当然，人们也容易在这种极度开放的空间内迷失方向，甚至是不知道这个建筑的真正用途，因为在人们视线所达的范围内，一切都是公众的：咖啡座、书店、人行天桥……刚进入大厅，

```
    1   4  5
    2
        3  6  7
```

1　位于著名的 Adlon 酒店和盖里的 DZ 银行之间艺术学院，因为其透明是立面而引人注目
2　入口的简洁开放使得路过的人们不能拒绝自己的好奇心，而进入这里
3　入口倾斜的地面表示着艺术学院的与众不同
4　离入口不远就是一个极精致的咖啡座，它是公众交流的好地方
5　贯穿整个建筑的天桥，同时也链接了柏林两个非常重要的地带
6　入口的右侧就是一个开敞式的书店，这里同样属于公众
7　从入口部分暗色而压抑的空间突然到一个高敞明亮的空间，这种对比强调了一种空间体验

人们会略微感到一点压抑，不是很高的空间，并且随着地面向上的倾斜还在不断地变矮。但这种感觉不会持续很长时间，因为你的视线会马上被入口左侧前方的一个不规则的大楼梯所吸引，这个楼梯的形态极像展开双臂欢迎客人的"主人"，这个大台阶会引导你从一个暴露着混凝土顶棚的暗色空间进入一个折叠玻璃顶棚所构成的颇为壮观的高大空间。就在短短的2分钟内，就在不到200m²的大厅中，人们可以体会到多种空间变化所带来的震撼。然而震撼才刚刚开始，就在人们抬头观望光线的来源时，却发现了几乎是迎面而来的一面倾斜的巨型玻璃就在你的头上。就在人们还没有看清楚这块玻璃的结构和缘由的时候，一个极具有解构感觉的场景已抢入你的眼帘——相互交错的楼梯、相互交错的屋顶、相互交错的墙面。在这里已经没有了建筑主体与附属部分的区分，也没有了中心，有的只是散乱、倾斜、失衡带给大家的视觉与心理上的强烈冲击，但通过层层相落的楼梯，人们能清楚地知道在大厅上方的建筑空间，甚至能隐约地感受到每个空间的功能。我想这也是另一个角度的开放吧。比较一下我们传统意义上的学院建筑，进入大厅，人们不知道上面还有几层，也不知道每层是干什么的，一种心理上的迷失由此产生。而在这个艺术学院，通过大面积的玻璃以及空间之间的交错，什么都一清二楚。惨遭历史性毁灭的房屋已

1 不规则楼梯的错落形成了多层次的玻璃层
2 头顶上倾泻下来的巨型玻璃会让人们有种震撼的感觉
3 随处可见的交流空间
4 怀念新艺术主义的秋季枫叶的柔色天花
5 清新的屋顶庭院
6 大面积的玻璃是这个建筑及室内的特色，玻璃的特质能带给我们什么思考呢？

经修复，原貌融入了这个新的建筑物，并且从外面就可清晰可见，Behnisch 已经在此基础上扩展了一个多层次的玻璃层，有桥、办公室、屋顶庭院、图书馆……建筑师用时尚的手法设计了可以对行的人行桥，向人们展示了他们的艺术鉴别力。这个人行桥给老式和新式建筑物提供了一个链接，也是柏林两个重要场所之间的链接，一边是柏林的中心，同时也是象征着两德统一的勃兰登堡门，另一边是由著名的建筑师彼得·埃森曼设计的欧洲被害犹太人纪念碑，这里能感受到德国面对历史的勇气。现代建筑中的一个人行桥链接了这样两个重要的场景，使得这个艺术学院的功能不得不在潜移默化中发生转变，特别是在一层和天桥这个开敞空间中，学院建筑的功能已不太明显，但这里的各种设施，如开敞的书店、随意布置的咖啡厅都使得人们的交流更公开化，也因如此，一个多样化的，交流性广泛的氛围就出现在了每一个角落，而这又不得不说是现代学院建筑，特别是艺术专业的学院建筑所需要和追求的空间氛围。从天棚而降的楼梯连接着不同的空间，过道通向图书馆，包括最多可容纳 300 名学术会员的大厅以及档案室和学院领导阶层的工作室。这个犹如温室一般的公共空间的玻璃房顶下面印着一张图片，是一种怀念新艺术主义的秋季枫叶的柔和色顶棚。说到顶面灯光的设计，不得不提的是天桥上方的公共交通空间的吊灯。这个吊灯用及其简单的材料与灯具实现了和这个建筑高品质的空间相互呼应和谐的效果，当我第一次看到这个造型独特的吊灯，震惊之余定眼一看，原来使我感到独特的吊灯是由一组最为普通的日光灯管组合而成。它们长短不一，高矮不一，相互交叉、叠落在一起，由简单的掉线直接链接在素混凝土的顶面上。在这个高敞的交通空间中斜向交叉的灯管、倾斜的玻璃墙壁、不规则交错的楼梯三者相互呼应。

毫无疑问，位于该建筑中心位置的是五个前学院遗留下来的房间。它们朝向建筑物的后身，

作为展会空间得到了保存和修复。五间房屋里只有第一间还能看见过去的痕迹，包括原来的墙壁灰泥，壁柱，以及第一间展览室，Max Liebermann 卧室和半圆形呈弓状的 Kaiser Wilhelm 二世的帝王卧室。战争期间修建的禁闭营轮廓已经在这一层烙下了不可磨灭的痕迹，警示着该艺术学院在那个非常时期曾经是死亡地带。房顶的旧铁框已经被弄直，玻璃房顶已经重建，并且墙壁结构也得以巩固。但所有必需的设施都被隐藏在后面，以避免与精妙工艺的展现产生视觉冲突。Behnisch 对这些展示了德国和学院过去的历史空间不加修饰。所有历史的划时代标记都能看见：用做过什么，全部破坏，全部重建什么，新旧之间的对话给了这个在 20 世纪 90 年代统一了东西方分院的学院一个暗示，此暗示没有隐藏在这座艺术玻璃房中，而是直面过去和现在。

在 Pariser 广场上，对学院建筑抱着好奇与挑战心理的人会沉思许久，并把艺术学院烙印在他的思想中。想像一下，这片土地上覆盖着各种咖啡馆和餐厅，会给人一种真实的环境，并且带给人们想释放与休闲娱乐的欲望。而艺术学院自信、张扬的个性在众多建筑中一览无遗，它不仅仅是对柏林市民和来此的游客开放，也是对艺术感兴趣或是不感兴趣的大众的一个挑战与吸引。建筑界中有一句古话："有时候玻璃比石头更难穿透、更坚硬。"但玻璃本身在视觉上的穿透性却很强，可见玻璃这种材质所具备的双重特性。同样，看着艺术学院建筑及室内大面积极具解构意味的玻璃，人们不仅要思考，艺术是什么？是应该"阳春白雪"般高高在上，让大众难以琢磨，还是应该"下里巴人"般融入大众的生活？我想着也是建筑师 Behnisch 通过艺术学院的建筑所要探讨的问题。

注：该文章获得中国矿业大学青年基金项目"旧工业建筑的空间功能转型研究"和校科技基金项目"矿区生态重建与环境景观基础研究"的支持。

绚烂出于平淡：蔡国强四合院改造

撰 文｜李威
摄 影｜方振宁

项目名称	蔡国强四合院改造
功 能	私人住宅
业 主	蔡国强
地 点	北京
主持设计师	朱锫、吴桐/朱锫建筑设计事务所
设计团队	刘闻天，郝向孺，李少华，何帆
结构顾问	徐民生
设计时间	2006~2007
建造时间	2007
建成时间	2007年11月
结构与材料	木结构
用地面积	910.33m²
总建筑面积	412.72m²
地上建筑面积	412.72m²
层 数	一层

奥运烟火总设计师蔡国强在北京的住所是一座毗邻紫禁城的四合院，在这座深巷里的外表平实的百年老宅院中，诞生了2008北京奥运会开幕式上极尽绚烂的烟火设计。

原籍泉州的蔡国强以其烟火设计蜚声世界当代艺术圈，是当今华人世界最具影响力的艺术家之一。他以火药为笔，天空为画布描绘传奇，日本广岛的烟火作品《地球也有黑洞》让他扬名海内外，2005、2006年在美国连续推出烟火作品《晴天黑云》和《红旗》更是奠定了他在视觉特效艺术领域的地位。

设计大师的住所会被设计成什么样子？如果一个老北京的胡同居民来看，他可能会发现这里和他自家的老屋并无太大区别。设计师对四合院展开了一系列的修复工作，并计划在院内增建一个新的建筑体。由于年代太久，对室内原始的地砖、墙面和袒露的结构进行了翻新。使用传统的材料、结构和技术，依靠当地的手工艺人和工人，将传统的四合院修复成原样，并把双庭院结构转变为展现南向建筑的空间。这里"设计"的痕迹很淡，一百年的历史在这座院落中层累出的时间的碎影被尽量保留下来，存储着一个世纪的回忆。

设计师们发展出一套再生的概念，尝试使当代的建筑体与传统的结构得以共生。将传统形式融入当代城市的难度很大，因为北京的历史核心正在屈从于冷酷的"现代"发展，传统形式的现代价值已经与传统语境发生了偏离。但设计师认为，现代的建筑还是可以吸收那些曾经使用过的语汇，同时仍提供现代的功能。他们希望，轻盈而近乎无形的新建筑体与沉重而强势的旧建筑体既形成对比，又在形式、尺度和功能上互相补充。它从院墙独立出来，对旧建筑产生最小的影响。玻璃和钢等现代材料贯穿于建筑之中，它们通过自身的反射性向旧建筑表示着敬意。相对于原建筑的固定结构和传统功能，改造后的住所将成为一个具有弹性的多功能空间，用时又是一个艺术家工作室。**END**

I	2
	3
	4

I 一盏设计奇巧的灯点活古朴空间
2-4 青砖垒垒，木柱质拙，静静见证往日时光，砖墙、隔扇将空间分隔得错落有致

1 | | |
2 | 3 | 4

1　喧嚣都市中，几人有幸享受如此梨花院落、秋千闲庭

2　花窗借景，引得翠色入眼来

3　回纹映日，投影残照上青石

4　竹消俗气，更显庭院深深几许

1-4 销尽繁华，设计师的居所内，"设计"不着痕迹，又无处不在，
似乎在不动声色地昭示：此处不是秀场，是人的居所

昔日的欧洲皇宫，
今日的奢华享受
HOTEL DU PALAIS

撰　文	鼎鼎
摄　影	皇宫酒店

项目名称	皇宫酒店（Hotel du Palais）
地　点	法国比亚里茨市皇家大道一号・64200 BIARRITZ FRANCE

风拂过面向大海的沙滩，在海水的泡沫中表达它们的思绪。历史在每一个隐避的角落留下了她的痕迹，迷人的贮藏室中藏着被掩饰的爱情、国家的机密和首脑间的会晤。镶板、檐板、镀金、铜绿、家具和装饰品——这里的每件物品都映射出一个真实的灿烂世纪的绚烂与辉煌。这里所有的东西都让我着迷，如此精美、高贵、奢华的胜地在别的地方还有吗？我想没有哪里能和这里相媲美。

这就是坐落于法国西南部海滨名城比亚里茨的皇宫酒店——承载着法国甚至是欧洲的丰厚历史，她曾是拿破仑三世和欧也妮皇后的夏宫，如今是法国著名的度假胜地，也是世界顶级酒店组织成员。

皇宫酒店有着不俗的传奇。1835年，一位9岁的小女孩和她母亲在巴斯克海滨度过了一段难忘的假日时光。而若干年后，那个叫做比亚里茨的城市也因她而辉煌。这个美丽的女孩就是后来的法兰西皇后：欧也妮。1852年，欧也妮与路易斯·拿破仑相遇，并在第二年结婚。1854年夏天，在欧也妮的坚持下，这对王室夫妇来到了她记忆中的童年乐园：比亚里茨。拿破仑三世也被深深地吸引住了，于是，他购置了一块能俯瞰大海的土地，并开始建造夏日宫殿。6个月后竣工的宫殿被命名为"欧也妮别墅"，也就是现在的皇宫酒店。

从任何角度衡量，"优美"都是惟一的评价。大堂的上千个细节点缀出高雅的气质。皇宫酒店忠于长期被遗忘的传统的生活标准，处处流露着那个精致和繁荣的时代所赋予的华丽与优雅。

一百年来，海浪深爱着、拥抱着它金色的美貌，皇宫是往日誓言的化身和实现，邀请您品味这片土地甜美与和谐。时光温柔的爱抚，赞美着瞬间的魔力。这里是疗养中心，高尔夫迷和冲浪爱好者的天堂，研讨会、商务论坛的举行胜地。花园、凉亭、沙龙的壁画，走

```
    | 2 3
  |  |  4
       5
```

过 150 年风雨的皇宫酒店依然弥漫着当年的那份浪漫。旅行者真正想找的是一个奢华、舒适、优质的富有内涵的栖息地，而这些都是皇宫酒店的特点，使得它能如此特别——一个永远不会忘记历史，并勾画未来蓝图的豪华欧洲酒店。

充满回忆的凉亭好像圆拱形沙丘中辉煌的礼物，它见证了拿破仑三世和欧也妮皇后的爱情。1893 年，"欧也妮别墅"被改造成一座酒店，1903 年遭受了一场火灾。但这颗明珠很快就又在壮美的比业里茨海滩上重现异彩。皇宫酒店的修复及扩建反映出它集不同时代风格于一身的特点，即使在今天，作为国际闻名的宫殿之一，它仍无可置疑地被公认为度假胜地。

现代会议或研讨会与过去的繁荣景象产生共鸣。7 个会议及宴会厅可容纳 15 至 250 人，想象和意念交织成一部多语言的芭蕾舞，多变、文明、生动。而位于酒店心脏部位的海景餐厅 Rotonde 也是这一切的组成部分。酒店共有 3 个餐厅: La Villa Eugenie, La Rotonde, L'Hippocampe, 分别提供米其林三星级法式大餐，大西洋美景餐以及在游泳池旁的户外午餐。而这一切，每当你睁开眼睛，清晨天蓝色的光线便和新鲜的水果和丰盛的奶油鸡蛋卷都在等候唤醒你的味蕾。

然而酒店真正的灵魂所在是她的房间，宽敞的空间让人想起过往时代的觥筹交错的宴会。精挑细选的艺术品和优雅的私人空间则营造出令人心旷神怡、无比奢侈的宁静气氛。阳光下的海滩和海水池被健身中心环绕着，感受一下海水涌来的阵阵泡沫吧，再加上一杯清凉的鸡尾酒，太惬意了! 时间慢慢地流过，轻轻地、优雅地，整个世界沐浴在阳光中，使你的心灵得到洗礼，让愉悦与幸福包围着你。房间和套房以其曾入住过的名流贵族的名字命名，如茜茜公主、维克多·雨果、利奥波德二世、埃尔方斯十三世、爱德华七世等，室内装修考究，处处保留着旧时的奢华风格，古董家具与装饰流露着精致的皇家气派。END

《设计色彩》课程教学

撰　文｜王琼、徐莹、李璨、钱晓宏、汤恒亮
资料提供｜苏州大学金螳螂建筑与城市环境学院

设计色彩课程应建立在严格的造型基础之上，引导学生发挥现代艺术设计的优势，注意将色彩的物理性质与心理感受相结合，培养学生敏锐的视觉反应，并运用技巧取得对各种环境中的物体色彩属性和空间色调的整体认识。重点开发学生的分析、理解、创造的心智思维，使学生能有机地联系所学专业，塑造表现对象的几种色彩配置和组合形态，实现色彩写生与色彩设计的技能提高，最终达到设计色彩课程成为专业设计的课前演练。

现在学生最欠缺的是综合分析能力，原来训练的局限性导致学生对综合的感知能力和分析能力，对色彩的倾向与单体的表现，与综合表现有很大的差距。以前训练只是用颜料和纸作为载体，缺少更多的媒介和载体，现色彩写生阶段尽量鼓励学生运用更多的材料来表现对象。

色彩的单元性组合教育，和素描的方法一样。第一阶段的设计色彩，首先是色彩写生、其次是平立面组合写生、运用物体的各个面来组织画面，同时可以运用各种综合材料丰富画面，最后运用摄影大量的配比，在训练过程中与现实有机结合。

在此过程中注意肌理的表达，肌理是指材料表皮的质感，通常理解为通过肢体的触摸和视觉的接触来获得对材料感觉的基本经验。材料的表面特性主要表现在粗细、软硬、冷暖、纹样等等，材料表皮本身不仅仅包含其质地的表现力，也同样有着色彩的表现力。

对设计师来讲，我们表现的不仅仅是空间，更重要的是各种界定室内空间的表皮肌理，这种表皮肌理的表现力、视觉传染力以及触觉的感受，都能教会我们如何思考材料、运用材料。人对材质的这种经验，主要体现在两个方面：一是触觉的感应力，一是视知觉的感知力。

材质使用要有合理性。所谓合理性，是指满足人对材质的基本需求和符合人体工学的基本需求。材料的视觉性，这主要是针对美学营造而言，是设计师的基本功力。

第二阶段的色彩在第一阶段的色彩基础之上更进一步进行训练，学生不可能到实地现场去写生，就在一些杂志上选择带有光影的家具，由易到难，用色彩来表现。表现方法可以不同，工具不限制，利用拼贴等各种手法尽量表现完整。和素描一样，用色彩来表现平、立、剖几个面，同时按照比例标注尺寸。在作画过程中详细讲述和演示。在运用不同材料进行拼贴时也要遵循三原则：色泽、质地、肌理。

第一阶段接触过简单的材料和肌理的表现，在第二阶段的训练过程中对材料要更进一步进行探索，在材质的选择和拼贴过程中，还需要使材料富有寓意。材料富有自身的三维性和在空间上的四维连续性，对这两种特性的很多的认知都有助于表达我们的寓意，其中最重要的是图像性和象征性两种表现。

设计主题如何变化，其载体始终是材料。通过材料体现主题的方式有三种：

首先是材料的色泽、质地、肌理所表现出来的寓意。这是最简单的，也是最表层的主题表达。

其次是将多种材料拼贴在一起，形成特定的组合，表达一定的思想。这种表达方法对设计师的要求较高，设计师只有对各种材料的基本要素有充分的了解，才能使材料组合和谐、生动、意味深长。

最后是设计师最难把握的一种方式：解构、转换，即通过某种特定的手法，使某种材料的视觉感知转换为另一种感知，如常州大酒店大堂吧背景的玻璃做法，采用皮影戏的手法，将枯枝的影投射到玻璃上，实际上失去原有的玻璃效果，转而达到一种绘画的效果，形成另外一种感知。

学生在表现过程中运用钢笔时就要注意通过各种线型、疏密、不同方向来表现，用钢笔时注意速度，快流畅，慢钝。另外加以色彩时，用水粉不宜过薄，这样就会脏，画面视觉效果就会减弱。水彩＋马克笔，相对柔性，画面不可以全部涂满，涂满后会使画面紧张，尽量留白，使画面生动，富有生机。画面注意互衬，阴阳、明暗。边界放松，由实到虚，同时注意马克笔、彩铅等使用。这些技能的培养和训练必须多实践。

另外一种训练就是运用各种图片的剪辑和拼贴，通过选择图片拼贴来整合整个空间的训练。

设计色彩分五大内容：写生色彩、平立面写生组合、加入材质的平立面写生组合、室内家具或空间写生、材料质感与肌理表现。

一、写生色彩

（一）内容

1. 写生色彩

色彩的产生，在同一种光线条件下，我们会看到同一种景物具有各种不同的颜色，这是因为物体的表面具有不同的吸收光和反射光的能力。反射光不同，眼睛就会看到不同的色彩，因此，色彩的发生，是光对人的视觉和大脑发生作用的结果，是一种视知觉。

（1）色彩的光感与色感

a. 光源色与固有色

b. 色彩的基础常识：明度、色相、纯度

c. 色彩的空间混合

空间混合是另一种色彩的视觉混合方式

（2）环境色

a. 自然光环境（冷色调环境、暖色调环境）

b. 灯光环境（冷光源、暖光源）

c. 设想中的环境（主观联想色彩）

（3）色彩的调子

调子是对一种色彩结构的整体印象，在作曲中，也讲调性，即调式特征。包括：明度基调、颜色基调、色彩的对比：原色对比、间色对比、补色对比、邻近色对比、类似色对比、冷暖色对比、纯度对比、明度对比。

（4）色彩的构成要素

a. 素描构成

一幅画的基本骨架是素描构成，没有素描构架而只有色彩的绘画那肯定是一盘散沙、一堆烂泥。一幅画的根基是由坚实的素描构成的。

举例一组静物。

(a) 选景立意构图

画面的平面结构即构图，一幅完美的构图已经使画成功了一半，传统的构图法则很多，比如均衡、节奏。

(b) 画面黑白布局

一副画的深色、灰色、亮色的构成关系，即是画面的黑白灰构成关系，也是一幅画的基本构成骨架。

b. 色彩关系

色彩是绘画的重要语言和表现手段，绘画色彩对于刻画物象、抒发感情、烘托气氛等具有独特作用。色彩关系有两方面：色调把握、冷暖对比。

（二）性质

本单元以写生为主要手段，采取有固定样式和无固定样式，启发学生对色彩的敏感，具有创造能力。

（1）将花草、水果、器皿等静物置于自然光和灯光的环境当中（有固定样式）

（2）将室内的某个角度或室外某个局部场景作为描绘组合对象（可以指导学生收集室内设计或环境规划图）用主观和客观两种手法，进行再创造地描绘（无固定样式）

（3）设想中的环境联想色彩

要求静物摆放色调拉开，高调、灰调、明快的亮调等。培养学生对物体色彩的表述和感知。评分要求：构图、形象、透视、色彩关系表达等。

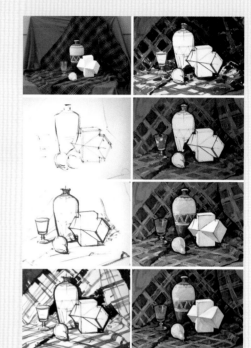

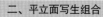
二、平立面写生组合

（一）内容

通过写生的方式，对设计思维初步探索，表现一定的抽象性，让学生理解尺度、版式、构成等。对物体不同角度的四维性完整理解，同时有机地整合表现在图纸上。评分要求：构成、色调。

（1）各个角度对静物进行写生分析

（2）分析后进行组合构成

（3）色调把握

（4）文字表述

（二）性质

（1）将平面构成的点、线、面形态骨骼与色彩的冷暖、明暗、强弱等形态相结合，产生各种各样的视觉与心理感受。

（2）题材可选择不同静物，不同角度进行，色调的把握。

三、加入材质的平立面写生组合

（一）内容

在前一步用单纯的颜料来表现基础上加入一部分的综合材料。画面构图和第二部分不一样，可以采取第二部分画面某个精彩部分放大进行重新构图和编排，也可以重新构图。评分要求：构成、色调

(1) 各个角度对静物进行写生分析

(2) 分析后进行组合构成

(3) 色调把握

(4) 材质的运用

(5) 文字表述

（二）性质

材料可选用水彩、喷漆及各种材料的拼贴

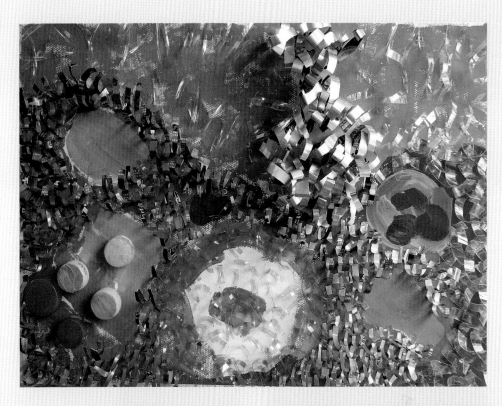

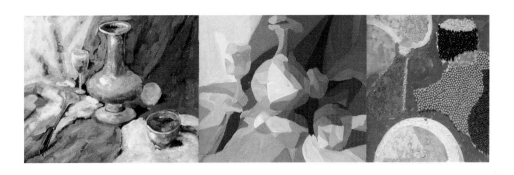

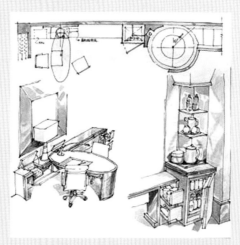

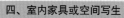

四、室内家具或空间写生

（一）内容

学生可通过各种书籍中室内的家具或一角进行色彩临摹，并标注尺度，整合于图纸上。可运用多种手法，综合材料进行拼贴。

(1) 室内家具或一角色彩写生

(2) 尺度比例表达正确

(3) 平立剖面绘制

(4) 版面构成

（二）性质

本单元课程以强化学生对室内家具及其他装饰物的尺度、平、立、剖的正确认识为目的。引导学生充分把握物体在各种环境中的色彩变化及整体色调把握，提高表现材料质感与肌理的能力。

五、材料质感与肌理表现

（一）内容

视觉或触觉对不同物态如固态、液态、气态的特质的感觉。在造型艺术中则把对不同物象用不同技巧所表现把握的真实感称为质感。不同的物质其表面的自然特质称天然质感，如空气、水、岩石、竹木等；而经过人工处理的表现感觉则称人工质感，如砖、陶瓷、玻璃、布匹、塑胶等。不同的质感给人以软硬、虚实、滑涩、韧脆、透明与浑浊等多种感觉。中国画以笔墨技巧，如人物画的十八描法、山水画的各种皴法为表现物象质感的非常有效的手段。而油画则因其画种的不同，表现质感的方法亦相异，以或薄或厚的笔触、画刀刮磨等具体技巧表现光影、色泽、肌理、质地等质感因素，追求逼肖的效果。而雕塑则重视材料的自然特性如硬度、色泽、构造，并通过凿、刻、塑、磨等手段处理加工，从而在纯粹材料的自然质感的美感和人工质感的审美美感之间建立一个媒介。

在绘画中，肌理是物质材料与表现手法相结合的产物，是作者依据自己的审美取向和对物象特质的感受，利用不同的物质材料，使用不同的工具和表现技巧创造出的一种画面的组织结构与纹理。任何物体表面都有其特定的纹理变化，这种特定的纹理变化所呈现出的神奇的视觉感受，正是绘画艺术所探求的肌理效果。肌理在绘画艺术中的审美价值不可低估，它有着其他表现手法难以实现的美学特质。

由于材料表面的组织结构不同，吸收与反射光的能力也不同，因此能影响表面的色彩，一般来说，光滑的材料表面反光能力很强，色彩不够稳定，明度有提高的现象，粗糙的表面反光能力很弱，色彩稳定，表面粗糙到一定程度后，明度和纯度比实际有所降低，因此，同一种颜色，用在不同的材料上会产生不同的颜色和效果，例如黄色，分别印染在缎子、棉布或毛呢上，就会明显地看出它们的差异。

1. 自然肌理与艺术肌理之美

大自然千姿百态，世间有万物之貌，这是构成视觉形象最基本的要素。生活是艺术表现、艺术创作的源泉，就水彩风景而言，同样如此。天空的绚丽多彩、大海的浩瀚波澜、山寨的老墙木屋、晨烟的依稀梦幻、古道的曲折逶迤、山岩的鬼斧神工、阳光的妩媚灿烂、雨雾的朦朦胧胧、枯树的斑驳沧桑、幼苗的生机盎然，无不呈现出奇妙无限、变幻无穷的自然肌理之美。

在这种特定的情景中，人与物、情与景融为一体。自然的肌理一旦融入画家的情感，便激发起画家创造的激情，使之成为画家"借题发挥"的对象，它们被画家利用各种材料、工具、手法、特技等方法创造出各种各样惟妙惟肖、无穷变幻的艺术肌理来，从而成为一种新的视觉语言。

2. 具象写实的肌理美

肌理作为视觉艺术的一种基本语言形式，同色彩、线条一样具有造型和表达情感的功能。

（二）性质

引导学生充分把握物体在各种环境中的色彩变化及整体色调把握，提高表现材料质感与肌理的能力。 END

爱沙尼亚：
威尼斯建筑双年展异色

撰　文 ∣ 季铁男

爱沙尼亚是个人口只有一百多万人的小国，在 1990 年代初脱离前苏联独立，在威尼斯双年展中没有固定的国家馆空间，但是今年其作品造成了极大的轰动。

代表爱沙尼亚参展的作品是一条漆成黄色的钢管，放在俄罗斯的国家馆与德国的国家馆之间的空地上，象征俄国和德国正准备建造的天然气直通管线。

前两天，与设计者熟识的一位朋友找我一起去他们的事务所聊聊，得知一些工作的过程。这个作品看似简单，实施起来费了老大一番功夫。

由于欧洲的能源政策是很敏感的问题，而爱沙尼亚在历史上深受俄国和德国的压迫，此举有如在伤口上撒盐，弄得老俄很生气，老德很尴尬。策展人不得不为了此事去莫斯科协调，建筑师则必须亲自去柏林申请德方的同意文件。最后老俄看老德要求保持 12m 的距离，而勉强以同样方式处理。

在我看，这是一个标准的微观都市战术运用，结合空间政治与空间设计，有效地在国际舞台上占领了有利的位置。

爱沙尼亚的建筑师也同样令人印象深刻。Allan Murdman 是爱沙尼亚的元老级建筑师，今年已 75 岁。50 年前去莫斯科建筑学院留学，曾在当时搞构成主义的老师门下学习。他在塔林市设计了苏联时代的主要纪念建筑群，有方尖碑、巨大的雕塑、火、玛利亚雕像、阶梯、十字交差的步道、三角形的高大石墙等等，让人一去就能感觉到一种权力感，同时又令人感受到无以伦比的空间力量。

最近意大利的杂志《Casabella》想收集一些这类的作品，和意大利二战时期的纪念建筑一起出本专集，才辗转注意到他。

一位塔林的建筑师拿这个纪念公园地区作为学生的题目，邀我一起参与教学。为了进一步了解作品，我们特别走访他家。一进门，就有一股霉味夹杂着烟味，知道可以随便抽烟了。狭小的空间中摆满了东西，除了厨房厕所以外，老先生用的卧室，其中塞了一张制图桌和一张床，老太太是在原本是客厅的地方躺着。

我随身带了一包云南产的烟草，他看我拿出烟斗，也跟着拿出烟斗，两人抽将起来。我提醒他这个烟很强，他回应说他喜欢强的东西。

这次访问还有一个目的，是为了在明年 10 月举办他的个人回顾展，我答应帮忙写个序言。因为政治因素，这位老先生已几十年没有业务与活动，大家都听说过他，但都以为他死了。实际上，他依然思路清晰、热情不减。

话匣子一开，他特别提到罗马的万神庙，说道："建筑是如此严肃的事情……建筑不是时尚……建筑要为好几代人……" END

听、看及其他

撰　文 ∣ 陈伯冲

记得一次我的美国甲方请我去洛杉矶郊区一家牛排店吃晚餐。席间他大侃年轻时期足球明星生涯，我都不大记得清了。然而，他的吃相令我记忆犹深。他边吃边说："It melts in mouth……" 我震惊这话和我们中国话是一样的：入口即化！关键是，他这样喃喃自语时，眼睛是闭着的。他如此的痴迷，完全是下意识的，不是有意的。

这提醒我一些事情。当充分品味、释放味觉的时候，眼睛（视觉）需要暂时闭上，以免影响这味觉的细品。听觉也是如此：我注意到郎朗在演奏入神的时候，就是眼睛半闭。过去热爱京剧的戏迷欣赏京剧，随着京胡的节奏摇头晃脑的时候，眼睛也是闭着的。实际人们在关注非视觉感觉的时候，眼睛常常是闭上或者半闭的。这种闭眼，暂时排斥视觉，乃因为这时视觉是干扰，影响其他感觉的发挥。这里看出：视觉很强大，已经是基本感觉了。不阖上眼帘，即受影响；视觉对其他感觉已经成为压抑的"超级"力量；第三：非视觉的其他感觉已经在受压状态，因而只有凭借适当的手段（闭眼）来得到暂时的释放。

我们知道，盲人的触觉和听觉都十分敏感。盲人算命，"看"手相，实际是"摸"手上的纹理。算命有无道理，我没有兴趣。但是，盲人敏于触觉和听觉是没问题的。音乐家刘诗昆带出一个很有天分的盲童，演奏钢琴，水平很高。这也许与其触觉和听觉极为敏感有关系。我当然不是说有了残疾才能有其他感官的发展，但是这些残疾提醒我们，人之五感，各有各的特色，都是可以通达心灵、通达精神世界的大门的，并不是只有视觉才有这种特权。

看过的东西，不一定记得住，尤其是物象、图像。反过来说，图像的东西，要记住，得多看、细看、认真看。而所谓说某人记忆好，能"过目不忘"，主要是指读书（文字）。当年李叔同（弘一法师）出家时，他的朋友并不知道具体情况，只是从他宿舍里墙上开始挂佛像，由此判断他真的出家了。这里，信佛者需要天天观看佛像，有助于佛入肉身（精神深入肉体）。我的一个基督徒朋友家里，也挂基督"受难图"。这就是说，图像需要足够的视觉观看，方可逐渐深入人心、触及精神。为什么看过的不一定记得住？因为看过的东西太多了，就难于经过大脑（心灵），所谓过眼云烟，这是泛指。而图像则需要仔细玩味、静心体会，光"看"，是不得要领的。

眼睛看事物，本来就是选择性的。对有兴趣的，则入目了（看进去了）；对没兴趣的，则"视而不见"。可见，看，不光是生理光学的意义，更是人心的问题了。看了，不一定看见，不一定看明白，不一定看得出来，更不一定理解，因此理解是需要内心的积极配合的。当内心空虚、无所适从时，要看见就必须很强的视觉冲击力、够奇特、够突出，才能吸引其注意力。我想那就是为什么，在我们的建筑界，大家（学术的、专业的和外行）都在本质上把建筑理解为视觉的东西，我称之为"视觉中心主义"，其作品则是"建筑造型主义"。不难理解，现在的一些建筑外形如此奇特，因为这是大家内心深处的追求啊，可以谓之"心声"，所以，与之配合的词语也俯拾皆是："注意力经济"、"眼球经济"、"吸引眼球"、"视觉盛宴"等等。这些词语，从沉沉的汉语背景中凸现，成为"显语"，暗示了我们当下，比任何时候都在乎自己的眼睛，或者更准确的说，眼球。这不得不令人惊叹：难道我们的心理发育阶段，处于或许可以称为"视觉期"的某个阶段？纯视觉的丰盛正是我们这个转形时期建筑的特征，而信息爆炸则对应着心灵某种程度的贫瘠和荒芜。他们互为因果，又互相推动，而这原动力，正是发自内心的"视觉饥渴"。对这一状况，我们身为建筑师，恐怕不得不察。 END

倒退着前进

撰　文　❘　黄燎原

　　刚刚结束的第二届上海当代艺术博览会让很多人垂头丧气。

　　上海这一段时间的天气挺争气的，白天经常下雨，晚上雨收云住，适合夜行动物。于是我几乎每晚都坐在露天，呼朋引类，聚啸酒席，席间除开怀畅饮，也纵论时事，艺术被一汪蓝莹莹的酒水搅动，活色生香。

　　很多来我们摊位买作品的人都说没想到我们艺术家的价格如此之贱，我说或许艺术是一桩大生意，但中国现在艺术目前还很贱，还不到贵的时候，现在还是贱点儿好，好养活，就像农民给孩子起名，中国现在艺术现在也就是在"栓柱"、"狗娃"、"大勇"、"小凤"和"美丽"这些民间的"风雅颂"之间徘徊，或许它将登大雅，但时候真的还没到。我并非妄自菲薄，我低下脑袋讲真话。

　　有人问我卖这么便宜的东西能挣钱吗？我老实地回答：不能。我心中想：未来应该可以。原来我们总是强调让艺术家和画廊一起成长，现在我提倡艺术家也要和收藏家一起成长。拜前两年中国现在艺术极度亢奋之赐，大家手里多少都还有些积蓄，就让我们再当牛做马一遭，踏踏实实地耕田贩运，等待新的高潮。

　　有人问我今年和去年相比生意如何？我说今年比去年的生意好，信不信由你！今年我们的藏家数量突飞猛进，与日俱增，所以我丝毫未看出中国现在艺术的颓势已经来临。也许人们更加关心的是二级市场吧，二级市场不在我们掌控之中，所以让爹死娘嫁人，让它去吧。其实依我观察，中国现在手里有活钱又想涉足艺术的人，不是在减少，反而是在增加，只不过他们不像他们的前辈那样冲动，也不像他们的前辈那么急功近利。过去经常有记者让我推荐严肃的收藏家，我经常会很尴尬，因为凤毛麟角，或者甚至连毛儿都没有，但我想，也许再过几年，我可以拉一个很长的单子给他们，罄竹难书。但愿！

　　今届上海当代艺术博览会的买气确实不如去年，虽然我们的东西依然卖得不错，但是我们与国际画廊的合作更加紧密了。明年我们的年轻艺术家会有更多的个展在海外举行，海外对中国艺术的关注依旧在升温，他们比前些年更多地看到了中国现在艺术的本质，他们从盲目到深入，到关心更多细节和没名气但有特点的艺术家。

　　博览会期间我接触了无数展商，他们的看法百花齐放，我愿意用一个比较正面的说法结束此文。汉斯梅尔画廊是从始至终参加过全部39届巴塞尔艺术博览会的3家画廊之一，画廊主人也算是我们的老朋友了，他对我谆谆教导说："当然，这届展会的人气不如上一届，但展会是一流的，一个展会你要给它至少5年的时间，让它成长，这是一个好的态度"。

　　我从不垂头丧气，我低头做事。🔲

工地与音乐

撰　文　❘　孙德鸿

　　这两天我家附近有个样品屋工地正在施工，由于有点距离，本来不觉得吵，等到蹓狗经过时才发现真的是震天价响，紧邻的住户也许都是上班族或是听障人士，所以好像还没有人出来比中指或是明确表示不爽，不过撇开噪音与样品屋的道德正确性不谈，那个工地所播放的音乐还真是耐人寻味。

　　好像从很久以前开始，台湾很多工地都会在工作时间播放一些背景音乐，原因不明，可能是为了振奋工作情绪或者避免师傅们无聊吧，其必然性就像保利达与维他露的双P结合一样坚不可摧。小自一般室内装修工地的小收音机，大到样品屋工地透过扩音器的强力放送，场景一点也不陌生，连音乐的内容或是广播的频道都大同小异，气氛雷同到令人抓狂，还以为熟识的工班就在里面工作，直到探头一看才清醒过来。

　　为何要这样子播放音乐，或者说为什么要播放"这样的音乐"，我跟太太讨论过不下十次，就是没有答案，我当然不喜欢那些电台或是那种音乐，也非常不齿那些把台语文化低俗化的家伙，但不喜欢并不代表那些极为通俗的民俗音乐"不好"，事实上有一拖拉库的人还很依赖这些制作粗糙的音乐或是卖膏药节目呢，所以对他们而言，这些背景音乐也许是"好的"。没有背景音乐的工地是黑白的，只有背景音乐能够将工地转换成另一种场景，让你避开看似悲苦的人生，所以你可以一边幻想你是情伤的人一边拾起电钻钻钻钻，或是假装刚刚赌输一亿然后拿起电锯锯锯锯，所以我绝不否定这种需求，因为这已经变成某种心灵寄托了，但是我还是忍不住会问：难道没有更好的选择吗？

　　为了证明是否有更好的选择，下一次公司有装修工地时，我应该准备一些音乐跟一些器材，然后开始测试背景音乐对于工作效率的影响，与妻商谈后，目前决定的曲目如下：拆墙时播放柴可夫斯基的《1812序曲》，而且必须挑选适当的喇叭，利用其低频震撼力先行震松墙壁，以达事半功倍之效，必要时应事先排演，确定打墙师傅能够跟得上那些炮声的节奏，当然尾奏结束后那道墙也要应声倒下才够水准。放样的时候，巴赫的赋格显然是首选，因为"对位法是复音音乐中，组合数个旋律线（声部）的作曲技巧风格，不同线条同时进行，思考水平的音乐向度，强调线条独立与内在逻辑的关系"，所以基于放样与线条的关联性，不用赋格还用什么？当然此时保力达的供应量要适度增加，必要时应搭配氧气面罩与其他提神饮料。等到全面作业，当钉枪与电锯齐鸣，电钻与铇刀共舞之时，就是开始摇滚的时候了。为了避免全体人员过度亢奋导致早衰，过重的或是过度冷门的摇滚乐最好不要，经过深思熟虑，决定采用Queen的《We Will Rock You》，想像那种汗水与鼻水同流的街头风格，显然可以将全体士气提升至最高点。到了完工清洁阶段，当然就是通俗歌曲的时间了，这个我就不挑了，反正选择太多了。《O Sole Mio》不错，如果可以把歌词投影在墙上，清洁人员一定可以一边打扫一边将那种"啊，多么辉煌灿烂的阳光，暴风雨过后天空多么晴朗，清新空气令人精神爽朗"的意境转换成一尘不染的工作表现，万一没找到"合法"的版本，却播成某台籍天王的阉鸡版《我的太阳》时，影响也不会太大，反正屋主日后还是会自己清掉那些恶心的音符。

　　所以我在想，有没有一种行业叫做"工地DJ"？🔲

我对采访对象的生活存在好奇，好奇他们平日里是如何工作的，如何生活的。

这次的跟踪对象是刘克成，他的身份很多元化：西安建筑科技大学建筑学院院长、陕西省古迹遗址保护研究中心主任、教授、学者……每一种身份中都投射了一部分自我，由此得以从多种视域面对这个繁花似锦又矛盾重重的世界。

做设计时的刘克成、讲演时的刘克成、会议中的刘克成、为人师者的刘克成之间，有着微妙的差别，但如果从不同角度将这些图像组合起来，那些事物就会从多个角度逼近核心，却似乎又会倏尔远在天际。这几个不同的刘克成互相重叠交叉，构成了一个丰富的形象。

如何去理解不同语境下的刘克成，刘克成又是如何在不同身份下进行转换的？这始终是许多人的疑问。

我不想直白地以问答的形式让当事人进行苍白而无力的阐述，而是选择了用自己的视角去观察以记叙的方式来记录着他普通的一天。

也许，理解一个人的核心就蕴含在这日记中吧。

刘克成

1963 年出生，1984 年获得西安建筑科技大学建筑学学士，1990 年获得西安建筑科技大学城市规划与设计硕士学位。现为西安建筑科技大学建筑学院教授、院长，以及陕西省古迹遗址保护工程技术研究中心主任。

主要建筑设计作品有三门峡虢国君王墓地博物馆、汉阳陵帝陵外藏坑遗址博物馆、秦始皇陵百戏俑遗址博物馆、唐西市遗址博物馆、剑南春古酒窖遗址博物馆、富平陶艺博物馆、贾平凹文学艺术馆等。目前主要从事文化遗产保护研究，负责唐大明宫国家遗址公园规划设计。

刘克成的一天

撰 文 ｜ 徐明怡
摄 影 ｜ XMY

2008 年 10 月 27 日　星期一
天气 阴

9:30　与刘克成相约的时间是十点，我原本以为，身处体制内的建筑师们都会有着早出晚归的劳模作风，早晨八点定是已经开始工作了。十点的约定只是体谅小编这晚起鸟儿的善行而已。于是，我打定了主意，想着出其不意地抓拍那幅热火朝天的工作画面。

九点多的校园很安静，刘克成的办公室位于建筑学院东楼的外侧，也是由他一手组建的陕西省古迹遗址保护研究中心所在，楚风十足的几个招牌大字掩在浓荫之中，也刻在了那锈迹斑驳的钢板上。

这是座两层小楼，体量不大。刘克成的办公室在二楼，越过前台，爬上那盘旋的小楼梯后，就能见着一堵黑色的木门，藏在后面的就是刘克成的办公地。

四处张望了一番，周围很安静，在这不大的入口处只有清洁阿姨和刘克成的秘书。

小编和秘书打了个招呼："刘老师来了吗？"

"没呢。"刘克成的秘书小刘从隔断后探出了脑袋，语气随意而不带任何的警惕性。这是个三十来岁的妇女，衣着朴实而态度谦和，也许是校园气息浸润的缘故吧，至少，与小编平素里打交道的那些秘书很不一样。

她顿了顿，问道："和刘老师约好了吗？"

"约了，不过是十点。本以为他会很早就开始工作。"

"除了有事，他一般不会很早来。"

小编环顾了四周，偌大的办公室内也没有其他设计师的存在。我好奇地问："你们一般都几点上班？"

"除了行政人员八九点就准时上班，设计师一般都会十点到十一点才来。"

伴着小编的盘问，小刘已为我倒好了茶水，而小编也与其并排而坐，唠起了刘克成的"家常"。干了刘克成五六年秘书的小刘显然对刘克成的工作状态很有发言权，在她的描述中，小编没有听到"刘总"、"刘院长"这样的称呼，小刘总是将刘克成叫做"刘老师"。

"刘老师很忙，经常要出去开会、跑工地、演讲，所以来办公室的时间都不早，不过处理完事后，一般都会在这里。"

"刘老师和其他院长不一样，只要他在办公室，有时间的话，学院里的任何学生都可以来找他聊天谈心事。"

"刘老师平时没什么架子的，很关心我们，会留意我们员工还有学生有什么困难，他都会伸出援手的。"

……

9:53　比相约时间要早，刘克成一身休闲打扮地出现在小编面前，印象中的他绝少穿有领子的衣服，黑色、无领是小编对其外观的固有印象。

刘克成带着副眼镜，中等身材，虽才 40 多一点，但繁重的脑力劳动，已经让他的头发出现零星白。额头上那条疤痕看起来像极了 "～" 符号，这与他因经常蹙眉形成的两条竖纹组合出了生动的 "π" 符号。

打开了那扇厚重的大门，小编尾随了进去，"每天都那么晚？"

"差不多，除非有事。"

"起得挺晚的。"

"没事的话，会在家里看看书看看碟。"刘克成在桌上稍作收拾了一下，开始交待起了行程，"等会去学院里开会。"

"哦。"

"你也去？"　刘克成的眼神中闪烁出了一丝犹豫。

"不是跟你一天吗？"

"好吧，就当我一天的'小尾巴'吧。"刘克成耸了下肩，拿上了他那个黑色的钥匙包，"走吧。"

"今天学院里是什么事？"小编盘问起了刘克成。

"学院里青年教师评职称落选的事，还有教学方面的事，有好几个会。"刘克成走路时身体前倾，但步伐却很稳健。

9:58　在学院办公室匆匆拿好了材料后，刘克成便来到了副院长办公室。

副院长早已在办公室，刘克成与他简单地交待了一下，"让他们都来吧。"

不一会儿，院长助理就进了副院长办公室，三人简单地在办公桌边开起了例会。

显然，青年教师评职称落选的事情，刘克成很上心，刚坐了下来，三人就开始攀谈了起来。

"他们两口子平时挺要求进步的，学生反映也都不错。"

"但评职称都提了四次了，还没有过，而且这次夫妻双双落选，你总得给别人一个明确的说法。"刘克成说。

"从职称表格上来说，一些数据都还可以，问题可能是平时处事生嫩了一些。"

"我们现在就得搞清楚到底是感情问题还是水平问题。"刘克成说，"等他们所长来了再讨论吧。"

10:05 下午要举行建筑学院学术委员会议，会议上要决定一些教学改革的方案。分管学院教学的助理就下午要决议的一些方案和刘克成再次确认。

……

"我们把东西教给学生后，有没有给学生时间自己做一下？"刘克成提出了疑问，"我是看到学生们苦不堪言，每周五天，每天八节课。"

"有一次在一个班级做过调查，问学生觉得城市规划专业是否有意思？整个班级的学生举手的不到四分之一；当问道是否觉得自己会成为有前途的规划师，举手的已经不到八分之一了。"刘克成偏着头，语重心长地说了起来，"兴趣培养是个问题，学生们总是在抱怨，而年轻教师们的打击更厉害，这对教师来说，不是负不负责的问题，而是分寸感的问题。"

"但随意并不是说想干什么就干什么，我刚刚开完建筑学专指委会，会上也在反复强调这个分寸感的问题。"

刘克成一直没有强调教学大纲和课程，总是将重点放在了"人"上，在他看来，学生与教师，教师与教师，学生与学生的互动交流与碰撞，才是最重要的。

……

他们的谈话总是断断续续，时不时地会有人敲门进来。

刘克成的电话调至振动，无论接或者不接，都也时不时地打断着他们的谈话。

10:20 那两位青年教师归属的教研室负责人到了。刘克成开始盘问情况，正如他们之前所预测的那样，问题主要出在教师的为人处事上。

……

"那就是你们主任和所长的问题了，你们要去引导别人，别把人给害了。如果你不想留人，那也不用多说什么，但要留着别人，你就得给人一个交代。"刘克成说，"你要教会老师办法，如何去改变公众形象，也要给他们创造机会。"

……

10:30 高效率地处理完学院常规事务后，刘克成脚步匆匆地回到了研究所，准备讨论方案。

半个小时前还空空荡荡的屋子现在显得人气十足，已有人在长长的会议桌前等着，要讨论的是位于甘肃省的大地湾遗址保护方案。

这两年，刘克成忙着许多，手上的项目大多是遗址保护类的，每一个都来头不小。

刘克成环顾下，"还缺一个吧。"

"她刚起来，马上就到了。"一名学生作答。

"这丫头怎么那么懒，还是等下吧，错过了就补不回来了。"刘克成的语气中透出长者的包容，"平时都那么晚起吗？"

"差不多吧，反正也保研了，上午也没课。"

……

迟到的女生今年已被保送上了研究生，刘克成的项目通常是由设计师加学生的团队组合而成。

10:45 迟到的女生总算来了。

"看来不能保送了，坏毛病都惯出来了。"刘克成批评着这位迟到的女生，语气虽然平和但显得有些严肃。

女生神色有些尴尬，那是脸上的妆容不能掩盖的表情。

会议开始了。这个项目的负责人是个年轻姑娘，汇报过程中，刘克成始终很专注，身体前倾，眉头紧蹙，时而双手交握，时而左手握腮，陷入沉思，并在本子上圈圈点点，记下重点。

刘克成开会时总会带着速写本，喜欢不时地做些记录。他的握笔姿势很特别，虚掌实指，握着水笔的上端，下笔缓慢，也刚道有力，颇有些大家风范。

速写本上的字不多，每页的纸上只有会议名称以及每个重点的关键词，这样的记录习惯符合刘克成的处事风格：条理清晰，主次分明。

……

"博物馆的运行费用和节能问题很重要，这直接决定了方案。"

"博物馆里展示什么，实质要解决的是遗址环境问题，而方案的关键是从剖面开始，把剖面解决了再看平面。"

"你们对地形的理解不够好，不应该从地形里跳出来，而是应该融入到地形。所以这蓝玻璃就被改成了白玻璃，太跳了。"

刘克成边说，边在速写本上画了起来，加上液晶屏幕的显示器，他开始了现场的点评，除了项目参与人员聚精会神地倾听外，许多学生也在方桌之外，探出脑袋，努力而仔细地吸收刘克成的每一句话。

这样的方案讨论会在我看来，更像是一堂设计课。

11:40 结束方案讨论后，刘克成又回到了办公室旁的学院办公室。这次走进的是书记办公室，一男一女两名青年教师已在沙发上等着。

这就是昨日刚双双落选的青年教师夫妻。

女教师明显情绪很激动，男教师则在旁低着头，一声不吭。

女教师反复地据理力争，内容无非是过去许多年里如何潜心教学如何克服困难钻研学术。

刘克成显得耐心十足，总是侧着脑袋倾听听着，在肯定了年轻教师的工作成绩后，很委婉地提出了除了要注重工作学习外，还要注意和周围教师的交流。

"自从有了孩子以后，我们就特别忙，没有太多时间一直和其他老师一起吃饭，尤其不是我们科室的。"女教师辩解着。

"吃饭不吃饭是私交的问题，这不是我院长要管的，"刘克成的语气还是很委婉，"我指的是工作上的交流。"

这间办公室的主人吕书记一直坐在自己的办公椅上嗑着瓜子，不耐烦地拆封翻阅着桌上的杂志。

小编与他攀谈了起来。"刘老师脾气一直那么好？"

"是的，他挺有耐心的。"

"刘老师在学院里没有办公室吗？"

吕书记努了努嘴，指着旁边会议桌状的大圆台面说："他就在那办公。"

在我们的交谈过程中，女教师依旧不依不饶地拿出自己的学术成绩，强调着克服家庭困难依旧坚持不懈努力学习，反复辩驳着积极与同事交流，始终贯穿着"我一直很努力，我不应该落选"这样的中心思想。

而在反反复复地絮叨中，女教师本已蓄含着泪水的眼眸中闪烁了起来，她指着职称材料，声音显得有些颤抖，"我明明有XX篇论文，这份材料上为什么只有X篇。这可是抹杀了我半年的成果啊。"女教师明显很激动，"我没想到我是死在这份材料上。"

这时候，吕书记显然有点耐不住性子了，拿起了那份材料，说："材料不大会出错的，论文是规定出处的，有些地方发表的是不能算的。"

"行了，刘老师还有很多事情。"吕书记，补充了一句。

女教师仍在反复嘟囔着。

12:25 结束了与教师的谈心，吕书记拉住了刘克成，确认起了行程安排和一些学院事务。

很快，5分钟不到，就达成了共识。

12:30 "怎么都没人叫你刘院长、刘总？"

"我不喜欢那样的称呼，一般都叫我刘老师。"

简单地两句闲聊中，我们就回到了刘克成的研究所里。

刚刚讨论方案的年轻女生正在收拾桌子，准备离开，而刘克成的夫人也在电脑前忙碌着。

带上小编，一行五人一同去吃饭。

路上，刘克成就开始向小编介绍起那名年轻的女子，"她可是这个项目的负责人，玉门关的保护规划也是她做的。"

对学生，对同事，刘克成总是不吝啬赞美之词，而对年轻人，刘克成也总是不吝啬地给予机会。

……

饭桌上，师生、主雇间也没有隔阂，一起闲聊开了生活琐事。

小编问他的夫人："平时都等刘老师一起吃饭？"

他的夫人抱怨着："是的，不过等他吃饭都会跟着他饿死的。"

刘克成平时的生活很简单，他与夫人总是校园边那些小馆子的常客，两三个清淡小菜，一碗米饭也就打发过去，而晚上九十点开始的工作餐则是家常便饭。

今天丰盛而准时的午饭，也许能理解为刘克成的周到吧。

13:45 饭毕，刘克成回到了自己的办公室。

厚重的木门后藏着的是高大而明亮的空间，办公室分两间，外面一间陈列着各种奇怪的玩意儿与书籍，瓶瓶罐罐，形状各异的石头，形态婀娜的胖女娃娃……

这些都是刘克成的收藏，不过都不是来自古玩城，他好的是"捡破烂"，随性而至。这些藏品或是大山脚下的一块石子，或是来自当地的手工艺摊位，或是来自废墟。

刘克成随手拿起了一个黑色的茶壶，这是个和平素用来烧水一般大小的壶，他得意洋洋地炫耀道："这个壶可是白拣来的，之前和朋友在关中的一农民家住下，老乡拿出这把壶为我们倒水，当时我一看这壶就特别喜欢，大气而楚风十足。于是，我就想把它买下来。"

"老乡却说，这就是把烧水的壶，你若不嫌弃这土东西，拿去就是了。"

"于是，我就很不客气地把它带了回来，至今，我仍然觉得它很漂亮。"言语间，刘克成一直很兴奋。

说罢了那把楚风十足的壶，他又在地上拾起了一片瓦。

"这是我在大明宫遗址的拆迁工地上捡的，这肯定是唐代的。"刘克成端详了起来，又指了指旁边的大石头，"这也是在大明宫工地上捡的。"

"你应该去看看那个工地，这是世界上最大的遗址拆迁工地，很壮观。"

"顺便再拣点漂亮的石头瓦片回来。"小编附和着。

……

14:00 西安建筑科技大学与挪威大学一直有学术交流合作，这段时间，挪威大学的几位教授都在学校里呆着，明天将在南京与其他两所高校召开联合会议。

由于明天是大明宫项目汇报，刘克成抽不开身，所以，此次前去南京赴会的是他的夫人肖莉。

刘克成来到了校门口，老到地周旋在这些教授之间，一一握手告别，他的英语很流利。

14:10 送走了挪威大学的客人与夫人，刘克成回到了所里。

刚进门，就被两名女生逮个正着，她们已经从上午等待至今，拿着图纸与电脑简明扼要地向刘克成汇报了资料情况。

这是个很有意思的项目，位于上海黄浦江畔，业主从北京搜罗来了一个珍妃亲戚用的三合院，原封不动地迁到了上海，想让刘克成将其转变成一个会所。刘克成布置两名研究生寻找珍妃以及这个宅子的故事。

为每个作品都找个故事，是刘克成设计的习惯。

14:25 交流了不到一刻钟，刘克成就准备起身离开，往建筑学院走去，准备下午的建筑学院委员会议。

"你就坐在一边，我也不向人介绍你了，别像上午那样拍照。"刘克成关照着小编。

显然，这个会议很重要。

会议室里空无一人，我们是头一个到的。

14:30 与会委员陆续到达。

学院的秘书忙碌地时进时出，张罗着会议，将要决议的文件发至每位与会委员的手中，正欲开始时，刘克成环顾了四周，说："人还没到齐，没超过半数，我们这个会开了也白开，也不具有法律效应。"

到会的委员猛然惊醒般，大家开始计算了起来，所幸，现有的人开会正好到了法定人数。

"首先要把身份认定这件事搞清楚，没有了这个前提，都是做无用功。"刘克成教育了下助手。

会议都是有关学院教学以及招生考核诸如此类的内容，这些决议都关系到建筑学院来年的工作计划、工作方针。

建筑学院的院长助理一条一条宣读了草拟的各项规定，会议的开端很顺利，方案有条不紊地一条条通过了，不过，随着会议的进展，各位委员也对相关规定产生了不同的意见，争执了起来。

刘克成面色凝重，蹙起了眉头，嘴角下扬，两手或摆在桌下，或轻轻地在鼻下摩擦，这样的他通常处于思考状态。

能参会的委员大多是各系的系主任以及资深教师，让他们达成共识并不是件易事。但刘克成可以做到，他始终可以作出判断，在综合了大伙的意见后，找出让大家都信服的答案。

刘克成的果断让这项本可连续开一天的大会在1个多小时后就结束了。

16:10 刘克成又回到了研究所。

办公室里比上午更热闹了，很多学生都各自带着笔记本在桌上干着手中的活。

他一回到办公室，就有学生迎了上来，刘克成开始指导学生们不同选题的论文与设计。

16:23 刚处理完两名学生的事，秘书小刘就拿着厚厚的一摞纸过来让刘克成修改，这是份个人简历，是要送到国务院学位委员会学科评议组去的。

印象中的刘克成并不是个喜欢开会的人，小编好奇地问道："这不像你平时的作风，怎么对这个那么上心？"

"这个评议组很重要，作为成员，可以对学校在国内学科地位起到决定性作用。"谈到学校的学科地位，刘克成总显得那么义不容辞。

他手持着钢笔，继续抿紧嘴唇，嘴角下扬，蹙起眉头，一页页的专心看起了这份秘书为其准备的个人简历。只是紧握着钢笔的手始终未在纸上圈圈点点。

不过，白天的他很难有一长段独处的时间。不到两分钟，两名男子拿着图纸过来征询他的意见，这是关于在建的唐西市博物馆项目。

似乎，刘克成的手下都训练有素，交待项目始终简明扼要，不到五分钟，他们就拿着图纸确认完了细节办事去了。

16:30 唐大明宫是刘克成最近主攻的大项目，他除了是该项目的总策划，也承接了四段宫墙的设计。明天就是项目汇报的日子，满屋子的青春脸庞手中忙活的也都是这个项目，许多人也用恳切的眼光征求着他的意见。

16:40 陆续听了几个女孩的工作进度汇报后，刘克成转身来到了秘书小刘的电脑边，亲自动手修改起了个人简历。

小刘就在旁静静地看着。

17:00 干完笔头修改工作的刘克成显得很轻松，溜达着去看看他的学生们，四处张望着他们的工作进度。此时的他时而指导着学生的设计，时而与学生开些玩笑。

"这张是我给他俩在成都拍的。"刘克成走到了一名女生的背后，指着她电脑屏幕上的双人情侣合影，"现在年轻人都喜欢用合影做屏保。"

"你不也拍了你夫人的手，用不同的手的姿势做了张挺美的屏保。"小编反问了句。

刘克成笑而不语。

……

刘克成离不开手机，他的手机几乎不会离开视线范围，一般而言，这只是个现代人的生活习惯，但他秉异于常人之处在于总能在按下接听键后，将手机放到了耳边，还执着地向你吐出最后几个字后，再招呼电话那头的人，而当挂了电话后，尽管这个电话长达五六分钟，他仍能接上前面最后迸出的几个字，像没有被打断过似的流畅地与你交流。

在不同身份与场合的转换中，刘克成游刃有余。

18:00 "给学生班长打个电话，调一下明天的课吧。"刘克成吩咐着助手。明天是大明宫遗址的方案汇报会，身兼专家评委与汇报任务两职的他，是绝对不能缺席的，他也只能调整下学生的课表了。

"再给教务处打个电话，备个案。"刘克成做事总是滴水不漏，每个方面都考虑得很周到。

"我尽量不想多调课，但没办法，明天这个事一定得到场。"刘克成向小编无奈地解释了几句。

18:10 刘克成今晚有个饭局，吕书记载着刘克成与小编一起往餐厅赶。

"今晚是和谁吃饭？"小编问道。

"学校里管人的和管钱的。"吕书记代为作答。

"有事求别人了吧。"小编揶揄了下。

"别的学院都是办事前又送礼又请人吃饭，我们是事了后再请客。"吕书记说，"其实，我们和那两人是兄弟，今天一是表表心意二是兄弟聚聚。"

算上小编，今晚的饭局共有六人，除了两位客人外，还有刘克成和建筑学院的吕书记和张副院长。席间，几人推杯换盏、杯觥交错、乐不可支，全然一副兄弟相聚的乐活场面。

喜欢和刘克成喝酒的人不少，不是因为他的酒量如何了得，而是因为他的酒品很好。但凡人敬之，他绝不推脱左右，仰头一饮而尽。

20:30 酒过三巡，人已微醺。刘克成回到

了所里继续工作。

所里的人气依旧很旺，他们手头忙的是明天要汇报的大明宫项目。

白天时的刘克成很忙，几乎没有闲暇时间与学生或手下的设计师交流，晚上，虽然依旧工作，但明显轻松许多。

现在的进程主要是制作明天汇报的文本，学生们分别在准备不同的效果图，现在是调色阶段，这些都是需要他亲自过目才能定稿的。但有些效果图，他给出了好几次意见都未能达到理想效果，只能挽起袖子，亲自上阵修改，而这也给予了小编亲自验证传说中的"刘氏PS"。坐在电脑桌边的他，右手握着鼠标，左手拨弄着键盘，不使用快捷键，而是在菜单处熟练地一一下拉选项，但速度了得，颜色与构图的感觉也十分准确。

当刘克成完成修改时，身旁的学生如释重负。

小编在其他人眼中也读出了对刘克成的渴望，"刘老师亲自上阵效率高很多啊，那么多女孩都等着你亲自去调呢。"

"他们才不要我代劳呢，以后可是要靠这本事赚钱的。"刘克成轻松地耸耸肩，"你们一定要在10点半结束啊，你们结束了，我才有希望啊。"

他处理项目一贯的态度是：放手让人去做，他负责最后收拾。

00:10 效果图差不多都调整完了，他的研究生们进行了最后的收尾工作，在收拾各自的电脑与资料之余，闲聊了开来，似乎都没有着急离开的意思。

刘克成不厌其烦地一遍遍催促着她们，"快点回家，早点休息。"

女生们的闲聊似乎越来越热烈，原来有一名女生在此时又长了一岁。

"那我得送点什么。"刘克成旋即走向了自己的办公室，翻箱倒柜地准备找出份礼物来。

不一会儿，他就用餐巾纸包着一块圆形的金属状物体出来，"这是个汉代的铜镜，没好好擦过，也没找到块像样的布包起来，暂且就着纸巾这样裹着，生日快乐。"

这名女生因为激动而有些颤抖，捧着这面

铜镜，她开心地一直在笑。

周围的女生都用羡慕的眼光看着这名女生，各自嚷嚷着："这么漂亮的礼物！""我以后一定也要在生日时加班！"

00:25 女研究生们都各自回去了，办公室里只剩下大明宫项目的负责人王璐和其余几名男生。现在的步骤该是整体调整了，今晚，这些还要出文本的。

"我们得在一个半小时内搞完，要不明天一早就有危险了。"刘克成叮嘱着工作进度。明早八点，就得出发去汇报了。

交待完后，刘克成就回到了自己的办公室修改文本了。

小编在旁默默地看着，我发现他大多的步骤都是删除，以及调整位置，问道："学生们写得太多了吗？"

"汇报时间有限，不能把所有的东西都呈现出了，只要把重点突出就行了，但在建筑学的学生们里，懂得把握分寸的比较少。"

2:05 修改完文本文字和结构部分的刘克成又去了大办公室，文本中的数据以及一些其它图纸还是没有完成。

双眼眯起，用力地抿着嘴，一只手不时地挠挠板寸头——这是刘克成思考时喜好的姿势，对着墙面上的用地，他陷入了思考。

"想什么呢？"小编打断了他的沉思。

"黄浦江畔的会所，一面临江一面临绿地，但不想让它做得太规矩，那样就太没意思了。"

特立独行似乎不仅是他的处事风格，也是他的设计风格。

2:45 项目的所有资料总算全部预备齐了，刘克成迅速地回到了自己的电脑面前开始了修改。

3:40 刘克成的修改完毕，文本总算能送去打图公司了，他也回家了。

早晨八点，他们还是要去曲江汇报大明宫项目的。

华丽悉尼
MAGNIFICENT SYDNEY

撰　文　｜　丁方
摄　影　｜　telligent、燕子

悉尼玩乐时和工作一样投入，她经常和墨尔本开玩笑地争论谁比较有品位……

久久萦绕在心头的一个愿望是：一个人徒步感受一个陌生的城市，悉尼如我愿。

飞抵悉尼是早10点左右，湛蓝的天空，井然有序的城中心和水天一色的绵长海岸线着实让人兴奋，感觉非常的清新。

干净简洁的仓储式结构，虽说共用的起居室总是人头济济，和众五星级酒店不同的是，有型有格的 Railway YHA 显得更特别。这家青年旅馆的身前是于1905年建成的火车站，现在月台已变成青年旅馆的公用起居室，车厢则变成睡房，装修得很具现代特色。这就是传说中悉尼的中心。中央火车站也作为城内的交通中心，

有火车可前往墨尔本等地，也有多种地铁、巴士等前往城区各地。可选择在机场等地购买有效期为1-7日的巴士优惠卡。因为像个大广场，这附近有多家挂牌为 YHA 的青年旅馆，都距离较近。请注意详细地址，我就因为不了解地形，在网上预定时没留意详细地址，结果跑错了好几家。记住了，其他的几家风格比较古旧。不过跑错也有好处，发现在旺季的时候作为自助游客一定要在网上预定，才能获得比较满意的价格和房间。

Railway Square YHA

地　址: *8-10 Lee Street (crn Upper Carriage Lane & Lee St or entry via the Henry Deane Plaza) Sydney, NSW 2000*

电话: *(02) 9281 9666*。

活色生香，
别致的市场

如果你逛逛悉尼的周末市场，就会发现澳大利亚人是多么富有巧思和创意。市场中一排排的摊位上摆放着琳琅满目的各种制品。

早听说身在悉尼而不到岩石区一趟，就等于空手走出宝地。从中央火车站出发，沿乔治大街，在位于悉尼大桥与悉尼湾西滩一带，便可看到被誉为"悉尼户外博物馆"的岩石区。虽说是个现代移民为主的大都市，但古悉尼的色彩还是随处可寻。它是悉尼和澳洲的发源地，发源于18世纪，因为临海，云集了黑帮水手妓女之类，因此这里的历史故事和八卦传闻颇多。据说很多宏伟的建筑，都是囚犯从岸边掘出的沙石垒成。卵石路和高低错落的小巷，尚有20世纪早期由仓库改建而成的服装店和艺廊，集合了我怀旧与猎奇的心理。

如今岩石区早已大变身，音乐绘画共冶一炉！街区两旁大大小小150多家摊贩，一直延伸到Playfair大街。每逢周末周日，一个帆形的大棚遮盖了平日颠簸的小街道。呈现给你的是有手有脚的茶壶，以十多块不同颜色的胶片创制出千百款式的座灯，傲如红番模样色彩缤纷的毛帽，20世纪70年代款式的恤衫，曾流行一时的运动装，款式过时但分分钟会再流行起来的名牌月下货……到处是自做自卖的时尚设计者和喜欢新颖设计的购物狂。现代感十足的玻璃幕墙配合工业风格的横梁木柱，旧码头区就这样注入了全新的元素。

在悉尼市郊还可以找到许多大大小小的周末市场。要寻找创意十足、个性化的东西，不妨来帕丁顿市场。这个市集创立于1973年，从此风雨不改地出现。许多知名设计师一开始都是来到这里展示他们的作品并寻找发展机会。在这儿可以找到风水平安符、手相占卜师及塔罗占卜师、陶瓷制品、天然美容护肤品、药皂、吊床、熏香座、植物盆景等，五花八门。不少年轻人和一家大小都爱在这里喝喝饮料悠闲的度过周末。

提到悉尼的美食文化，海鲜是绝不能错过

的，而悉尼鱼市场更是不可不去。鱼市场是城内最大的海鲜集散市场。堆起如小山般、在太阳照耀下闪闪发光的对虾，数不胜数的各种鱼类、牡蛎、龙虾、蛰、螃蟹，新鲜甜美的毛蚶，冲击你视觉的同时更诱惑着你的味蕾。摊贩还出售多种海鲜外卖食品，从生鱼片和寿司、烤枪乌贼和烤章鱼，到马来风味的辣味米粉汤面，应有尽有。一边享受美食、一边欣赏海景，实属不容多得的惬意人生！从市中心乘坐轻轨电车前往鱼市场，或从市内的唐人街步行只需15分钟。

约15分钟车程，便由心脏地带走进小意大利区，感受写意浪漫的异国气氛。建于19世纪的小意大利区，本来已沦为一片颓垣败瓦，幸好有人慧眼，经过一轮重建、修葺后变为城中最潮流的地方。无论是充满艺术气息浓郁的露天广场缀以石磨墙壁、百叶窗的传统建筑物，又或是以赤陶砖铺砌的地面，甚或《罗密欧与朱丽叶》中的经典露台，都一一呈现眼前。黑暗灯光中人声鼎沸，隐约可见19世纪建筑的风韵：地下一层为Establishment吧，它室内的建筑最不可错过：历史悠久的16条5m长的高大铁柱成为其最大特色，全长42m的大理石酒吧柜也非常瞩目。俊男美女似乎皆为熟客，每逢周末这里便挤得水泄不通，因此门口设有多个守卫，要顺利入场的话，可要留意你的服装是否够有型哦。

不远处的维多利亚房间并不好找。它的门面极为低调，附近的便利店比之更为抢眼。不过这亦是可爱之处，就让它成为城中最保持神秘的地方吧。室内的楼层极低，都是实木装饰，怀旧味道的欧陆式沙发和真皮椅，充满了维多利亚时期的色彩。以轻柔竹廉作分隔，更见诗意。配上黄灯，带出悠然气氛。这并非潮流人士的聚会场所，而是懂得品位、注意享受的奢侈一族的最爱。

优雅时髦的悉尼人

每逢周末，很多悉尼人会光临邦迪海滩旁的咖啡厅，一边喝着香浓的拿铁咖啡，一边读着悉尼晨报。

Ripples 咖啡是属于周末清晨的：坐落于蓝天碧海一旁、悉尼海港大桥之下，一片悠然写意的画面。不少人在附近跑步或游泳后，都会来此享受一顿或丰富或轻盈的早餐，为周末的清晨画上圆满的感觉。然后，信步走下海滩晒晒太阳，展示可与在海岸线巡逻的救生员媲美的肌肉。介于血液里奔流着对航海的热情，他们可能会跳上一艘游艇，驾船从悉尼港出海开始一个愉快的周末。这时候，如果你正好带上一瓶不错的香槟向悉尼人提出友善的请求，请他们驾船带你出海，他们可能会很乐意的带你到港边航行一圈，让你从港外拍摄美丽如画的悉尼歌剧院，接着带你去攀爬令肾上腺素迅速上升的悉尼大桥。中午，来到 Watson's 湾，坐在温暖的阳光下远眺悉尼港，吃着新鲜的生蚝、龙虾和海鲜，配上一杯清凉的猎人谷白酒 Sauvignon Blanc……

从岩石区远眺就是著名的悉尼歌剧院，而连接两端的就是悉尼海港大桥。圣诞前夕的黄昏，在这个远看像衣架外形的桥上隐约能看到 ETERNITY 字样的闪烁。ETERNITY 有个来历，说是一个名叫斯塔司的人曾经酗酒并有小偷恶习，后来洗头革面，开始在悉尼各处人行道书写 "ETERNITY" 这个词，直到他 1967 年去世为止。

这个代表永恒的字样，无论被写多少遍，人们都不会厌倦。而这个字眼作为迎接新年的象征，也寄托了悉尼人追求美好生活的心声。

金色黄昏里，慢慢地走近歌剧院。灯火辉煌的歌剧院作为悉尼乃至澳洲的标志，在现代建筑史上被认为是巨型雕塑式的典型作品。它三面临水，环境开阔，外形像 3 个三角形翘首于河边，屋顶白色的形状犹如贝壳，因而有 "翘首遐观的恬静修女" 之美称。除四大厅外，还有休息室、化妆室、乐器室、贵宾室、会议室等 900 多间精致房间。1959 年，剧院奠基破土，但在剧院乳白色贝壳的外形结构完成时，施工者发现原设计方案有某种不切实际的地方。澳洲政府为此筹集资金发行彩票修改了原方案。建成后，澳洲有关当局认为原定拥有 1500 个座位的音乐厅是全年开放，而拥有 2700 个座位的歌剧院则是季节性演出厅，使用率不高。为从经济角度考虑，将原音乐厅改成歌剧院，而原先的歌剧院则装上了拥有一万根音管的大管风琴，使之变为一座音乐厅。这一改变造成了现在歌舞剧场舞台太小的遗憾。当然音乐厅更加的气度恢宏了。1973 年 10 月，悉尼歌剧院在英女皇伊丽莎白二世的亲自主持下，举行了隆重的落成典礼。悉尼从此结束了没有自己歌剧院的历史。

设计师品牌，
特立独行

在悉尼，除了有大型百货公司、购物中心，还有各有特色的精品时尚店。悉尼的百货业就是这样每天活色生香的展开着。

乔治大街、伊丽莎白街、Market 街、Pitts 街都是购物的热闹场所。沿着伊丽莎白街和卡瑟瑞街都能找到最时髦的时装和饰品设计师专卖店。配套的生蚝吧、咖啡吧、寿司吧一应俱全，还有一家于 1868 年开业至今纯粹为男士而设的 Gowings 百货。想让自己再奢侈一把，可以去最著名的国际品牌云集之地，MLC 中心和匹特街购物中心。当然，喜爱购物的你最不能错过的是建于 1898 年，被誉为"全世界最漂亮的购物中心"的维多利亚女王大楼，内有近 200 间店铺，货品五光十色。它楼高 4 层，外墙充满了古典美，大圆拱形屋顶及 20 个小圆拱顶屋形是其标志。昔日是农产品市场，一战后被关闭，1950 年差点被拆卸，后被重修于 1986 年重新开张。在购物中心有一个高 5m，重 1 吨的皇家大钟和伊丽莎白女皇的雕塑，以及很多英国皇家宝石的仿制品，让你在购物的同时还能领略皇家的华丽艺术。当阳光透过玻璃屋顶，把室内 19 世纪的古典装饰照得明亮时，气氛尤其动人……中午时分，室外咖啡馆坐满了偷闲的上班族，也许是悉尼的阳光太好了，他们总是提前到中午就选择放松自己的筋骨。

想寻找非主流的另类时尚风潮作品吗？如果你喜欢多逛一些露天，享受阳光和设计师小店的感觉，帕丁顿也许是你最喜欢的购物场所。Lisa Ho, Collette Dinnigan, Akira……这些都是引领时尚风潮的澳大利亚设计师群体。Akira 结合澳大利亚的悠闲风格和细腻的日本风格，在胡拉勒有出售其作品的专卖店。Collette Dinnigan 以手工内衣和高档服饰著称，在帕丁顿有她的作品出售。Lisa Ho 是好莱坞名流的最爱，在澳大利亚各大城市共设有十间专卖店，很容易就能找到。他们的设计各有特色，对时尚做出了不同的诠释。

邦迪海滩也是另类服饰品牌扎堆的地方，其中 Buddistpunk 就是强调热爱大自然与表达自我主张的品牌之一。莎梨山的皇冠街也是寻找另类风格饰品的好去处，如亮片和穿孔的饰品、染发剂等。悉尼人是热情的，也是本色的，从很多户外用品的色彩斑斓，图案奇趣里可以发现；悉尼人也是精致的，很多小巧的来自印度和中国的货品热卖就是很好的见证。一路走来，看到那些光斑照在衬着薄底绣花凉鞋和蕾丝吊带的古铜色身躯上，异常动人。

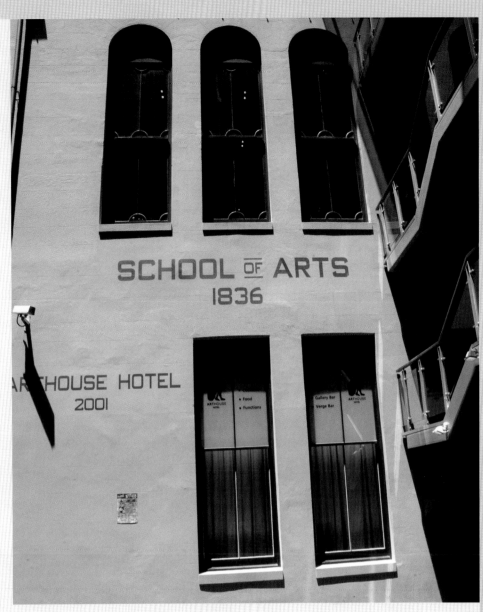

残留时光痕迹的宝物

澳大利亚拥有欧洲殖民时留下的文化宝藏，许多古董店珍藏着旧时的宝物，等待你去发现。

悉尼胡拉勒和莎梨山的悉尼古董中心就是古董宝贝爱好者最佳的淘宝去处，从富丽堂皇的家具到精致小巧的鼻烟壶，应有尽有。在那里，你甚至还可以在街上找到谙熟珍稀书籍和古书的专家以及专事书籍修复的专家。一定记住要选择标有"澳大利亚古董交易协会"质量认证的店铺，才能保证你淘到的是货真价实的真品。

画廊之路是城中最让我难忘的一条单行道。它位于空气清新的海德公园和大教堂附近，由于周围的路多弯曲不好找，往往会走过市中心的红灯区 King Cross。一路的反复反而突出了画廊之路的安静，就连鸟儿在地上走路的声音都能听见。初夏，尤加利树林里谷加巴拉鸟的啼声伴着玫瑰花悄悄的开放。道路两旁处处野芳幽香，佳木秀丽，海鸥盘旋……路边尽是看似不经意摆放，其实都是有来历的雕塑名作。走到路的末尾，最核心的新南威尔士美术馆以非常大家闺秀的姿态呈现在眼前。馆门口，很多面孔布满沧桑但看的出对艺术还很痴迷的老粉丝们已经就坐等待着开馆享受艺术的饕餮大餐。

悉尼，生活即艺术！

回归自然，
澄静心灵

　　领略了悉尼市区名胜的妙曼风情，想在后几天稍微转换心情，感受大自然的壮观景象，无需远行，悉尼近郊就有多个景点供你选择。

　　悉尼之美不仅在于她的热闹与繁华，从市中心出发西行 100km 便进入海拔约 1000m 的世界自然遗产蓝山国家公园风景区。蓝山拥有广阔的沙岩高原、山谷和石南荒原。在蓝山一定会做个蓝色美梦。清晨薄雾笼罩的秀美，整个空气中散发着桉树的清香令你尽情呼吸。加之陡峭的悬崖，幽深的峡谷，一种返璞归真的世外桃源般的感觉油然而升。

　　从悉尼出发，向北走两小时的车程，便来到澳大利亚最古老的酿酒区——猎人谷。这里景致醉人，拥有 120 多个酒庄。波光鳞鳞的湖波、起伏的山峦、茂密的森林，以及体现澳洲殖民时代文化的迷人小镇，是你与另一半共度浪漫时刻的最佳地点。你可以坐古老的马车或电单车穿梭于葡萄园之间，参观酿酒厂，品尝不同口味的地道葡萄酒。猎人谷花园以其 12 个各具主题的鲜花公园，使爱做梦的你有如置身梦幻王国的感觉。想大快朵颐，就一定要到辣椒树的罗伯茨饭店享用一顿丰富晚餐。入住坐落于葡萄园之间的五星级豪华古塔别墅或者巴林顿高原的 Eaglereach 野外度假村，享受水疗中心尽善尽美的呵护是个不错的选择。那些风格独特的精品住宿环境加之轻松悠闲的气氛令你有远离都市烦嚣、身处万里以外的超然感觉。如果你喜欢寻求刺激，千万别忘记在日出时乘坐热气球俯瞰辽阔连绵的葡萄园壮丽的全貌！

　　从起点到终点，从都市到乡间，满载阳光、自由、精彩的城际快车正缓缓停靠，但悉尼城的欢歌乐舞却永无停歇……

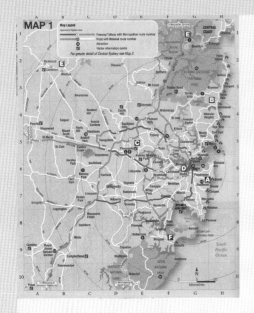

气候

圣诞季节正值澳洲夏季，气温虽高但不闷热。请携带穿著轻便的外套和洗漱用具和拖鞋（酒店通常不备），避免行李超重。

时差

澳大利亚与中国有 2 个小时时差，除了北领地、西澳大利亚和昆士兰州，澳大利亚各洲都实行夏令时，由 10 月底至 3 月底，与中国有 3 个小时时差。澳洲有 3 个时区：东部标准时区，包括新南威尔士州、澳洲首都领地、维多利亚州、塔斯马尼亚和昆士兰州；中部标准时区，包括南澳及北领地；西部标准时区，即西澳。中部时间比东部时间慢半小时，西部时间比东部时间慢两小时。因此，从悉尼前往黄金海岸等地应注意飞行时差。

签证

中国公民出境旅游可持有效护照到澳大利亚大使馆及澳大利亚驻上海总领事馆办理签证手续。澳大利亚驻上海总领事馆签证处地址：上海南京西路 1376 号上海商城 401 室。电话：021-6279 8098。窗口对外服务：上午 8:30～12:00，下午 13:30～15:30（星期一至星期五）。如遇特殊假期闭馆。

汇率

澳大利亚元兑人民币的汇率是 1: 6.37 左右，详细按照每日牌价。国内银行兑换记得带上签证！游客在同一地点购物满 300 澳元可享受退税。

电压

220～240 伏特、50 赫兹的交流电，插座为三脚扁插头，请自行备好万用插头。

通信

拨号方法如下：澳洲拨打国内：0011 +86 + 区号（如 10）+ 电话号码。

市内有多家邮政所，营业时间在周一至周五的上午九点到下午五点之间，有些在周六上午九点到中午十二点之间也营业。酒店亦可代办邮寄信件、明信片等。

国内的全球通手机在澳洲可使用。

小费

按国际惯例，请按 4 美元 / 天付给陪同和司机。

安全

游泳或冲浪安全方面的信息，请咨询海岸线巡逻、澳大利亚冲浪救生队查询有关热带溪流水域中的鳄鱼出没情况。遇紧急事件请拨打 000。

交通

北京、上海前往悉尼、墨尔本的飞行时间为 10～12 小时不等，均有直航。

悉尼水、陆运四通八达。如果你想更省钱，方便的游览各个景区，可购买悉尼观光八达通卡或旅游套票。

八达通卡分一天、二天、三天及七天，收费由澳元 $65 起，可免费畅游四十多个悉尼及蓝山景点，当中包括博物馆、野生公园、历史古迹，以至导赏团及海上畅游旅程，并获得多项购物及消闲折扣优惠。也可选购已包交通的八达通，可免去很多的排队之苦。

旅游套票

共有三、五或七天供选择，收费由澳元 $100 起。可在有效期内无限次乘坐市内巴士、渡轮及火车，并包括来回悉尼国际机场的火车票。也可搭乘直达 27 个著名景点的红线观光巴士、欣赏 19 个港畔美景，及悉尼邦迪海滩的蓝线观光巴士，在悉尼港海上畅游及前往 Parramatta 的快船服务。

火车

悉尼主要的大众运输工具之一，主要分为 7 条主干线，但在部分多条路线的交会车站，旅客要注意转车的月台指示，在市区 Martin Place、Town Hall、环形码头、Kings Cross 均有车站。

水上的士

乘坐游船游览悉尼是一种极好的游览方式。所有的游船都以环型码头为起点，以曼利为终点。途中在悉尼歌剧院、悉尼港桥都会停靠。

其他

个人常用药品最好携带医生处方，否则过海关检查比较麻烦。

在酒店用早餐时请适量选取，切勿在餐盘内剩余或打包带走，这在澳洲是极为不礼貌的行为。

机舱内、旅游巴士上、部分餐厅内禁止吸烟。■

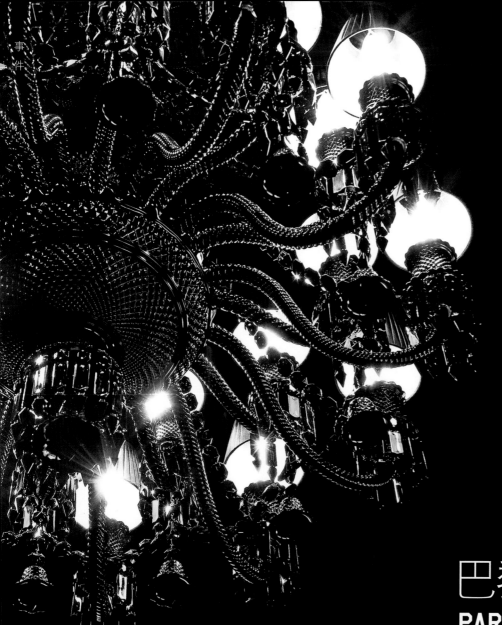

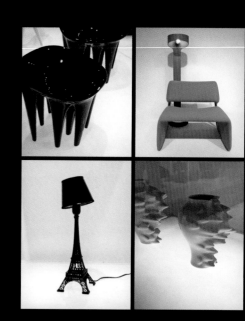

巴黎设计艺术展
PARIS DESIGN REFERENCE

撰　文 | 李威
摄　影 | 朱涛

巴黎艺术设计展于 2008 年 9 月 17 日至 10 月 6 日在上海 1933 设计创意中心展出。本次展览由唯品设计主办、法国驻上海总领事馆和上海 1933 设计创意中心联合协办，以 "参照物" 为主题，云集 Philipe Starck、Laurence Brahant 和 Pierre Gonalons 等 20 多名巴黎当今极为出色且极具创新意识的设计师的 60 多件设计作品。

策展人 Cédric Morisset 对展览主题 "参照物" 的解释是，"新一代的设计师希望探讨新的主题并提出新的阐释，因而引用手法、变更手法和模仿手法成为他们创作的方向。不是回到过去，对物体根源以及利用价值的回溯，似乎是为了回应一种愿望：穿越因某些设计师的概念盲点、从一种关系到另一种不确定的未来而产生的死胡同。如果参照物确定，它同样可以建立一种对表述规则进行提问的灵活方式，这样就产生了与物体的新关系，将使用者带到他可能从未探询过的新区域。"

这段略显深奥的阐述或者可以简单理解为中

国的一句老话：天下文章一大抄，看你会抄不会抄。其实也许可以这样说，设计从来都是一种参照，参照自然界，参照既有的物品和样式，参照文化符号，参照日常生活。在本次展览中我们会看到几乎所有这些 "参照"，比如 Matali Crasset 的《根茎》、Erwan Bouroullec 的《藻类》参照了生物形态，用化工材料把它们做成直接用于室内装饰的挂件和隔断；果盘和沙发的设计参照了折纸；金砖的造型被借用来设计门挡，埃菲尔铁塔被借用来设计台灯；挂钩 "龙飞" 的灵感来源于亚洲孩童的螺旋玩具，Philipe Starck 充满 "哥特" 色彩的吊灯淡化了哥特主义的恐怖与死亡元素，保留了哥特的怪异与奢华……

但重要的可能不是参照本身，而是如何参照、如何突破参照物。在这些参照和挪用中所流露出的对生活细节的观察常常能令观者会心一笑，而那种在平凡中创造别致的法式幽默更会让人忍俊不禁。一把椅子披上了皇家礼服式的拖地长袍，可它的名字却叫 "裸体椅子" ——逆向思维版的

"皇帝的新装"；一摞旧杂志经一根宽带子捆扎，变身为 "书凳"；Pablo Reinoso 设计了一系列中看不中用的椅子，利用它们拍摄了一段非常搞笑的短片，描述使用者百般努力甚至不惜削足适履地试图使用这些椅子时发生的种种尴尬，诠释了当设计和艺术过度混淆式，就会导致物件失去其功能而变成了一个纯粹的摆件。

不期然地，展览也引发了我们如下思考：参照如何区别于抄袭？设计如何防止流于重复？适度的戏谑和反讽如何避免沦为庸俗的恶搞？在资源匮乏、能源危机的年代设计的概念和功能如何能够更好地结合？甚至 Philipe Starck 都在嚷嚷着 "设计已死"。他向媒体宣称对自己是一个物质主义制造者的事实感到惭愧，要在两年内放弃设计。他还认为未来将不会有更多设计师，但一个舒适的枕头和床垫仍需得到重视，每个人最需要的是去爱别人的能力。

或者每位参观者可以在展览中自己试着寻找这些问题的答案。

意大利道格拉斯瓷砖
与宝马比利时总部合作成功

撰 文 | 品一
图片提供 | 道格拉斯陶瓷有限公司

意大利道格拉斯陶瓷有限公司生产的道格拉斯远古石（Ancientstone）从众多来自意大利、西班牙的世界级瓷砖品牌中脱颖而出，在位于比利时 Aartselaar 的宝马营销中心工程中一举中标，并获得 BMW Benelux 总部及设计师的高度认可。

负责该项目的建筑师 Heidy van Duffel 在介绍这个工程时说："这是我第一次与道格拉斯公司合作，这次合作如此成功将会促使我以后再次使用道格拉斯品牌瓷砖。"BMW Benelux 总部表示："我们非常满意用道格拉斯产品装饰的这个 BMW 展厅的最后效果，这将成为我们 BMW 展厅在未来建造时的一个典型模板。"而对道格拉斯瓷砖而言，得到顶级生产企业的认可，亦是对他们长期不懈努力的肯定。

据道格拉斯公司介绍，此次 BMW 展厅选用的道格拉斯远古石源自比利时黑石（bluestone），拓制天然比利时黑石滴水状凹凸表面，并喷施超细无光釉，触感起伏细腻，观感错落自然、富有动感，具有风格古朴自然、高贵典雅的特点，这种特质也恰好与宝马汽车作为一种高端汽车产品的品牌形象相匹配。

展厅占地约 3600m²，分为上下两层，一层是接待和展示区，二层为洽谈及休息区。展厅整体洋溢着一种机械主义风格与简约气息，大片的玻璃墙、顶棚裸露在外的钢结构、风格简洁的家具陈设，当然，更少不了展厅的主角——一辆辆造型流畅的宝马汽车，所有这些元素无不营造出后工业时代的氛围。而道格拉斯远古石瓷砖则为其中平添了一抹复古与温和的色调，中和了机械的冷漠感。再加上展厅内随处可见的绿色植物，使得整个展厅既有精密制造业的理性与冷静，同时又充满感性与生机，空灵而不失庄重，现代而不失细腻。END

近日，占地 800m² 的 ARNHOLD DESIGN BOUTIQUE 安豪潮流设计展示厅在上海幽雅的新华路上开幕。展示厅将透过独具创意的方式为人们呈现欧洲顶级品牌的卫浴洁具及其最新设计。安豪潮流设计展示厅融各种设计风格于一身，从古典至时尚，面面俱到，无论是专业设计师或是资深的用户，皆可以在此各取所需。产品将被置放于功能齐全的配套展示室，使人们得以更直观地看到并体验到产品的实际使用效果。值此之际，我们与该展厅负责人香港安利有限公司董事总经理丹尼·葛林进行了交流。

安豪潮流设计展示厅
ARNHOLD DESIGN BOUTIQUE

撰　文 | Vivian Xu

ID=《室内设计师》
丹＝丹尼·葛林

ID 为什么选择在上海开设展厅？

丹 上海是中国设计业的中心，我们为能够来到这个充满生机和发展的市场而感到非常激动。越来越多的人开始看重艺术和设计的价值，并为家居的舒适进行投资。在中国，高端家居产品的需求增长迅速，我们的安豪潮流设计展示厅专注于把顶级产品从欧洲带到中国，满足市场的需求。我们已经从上海展示厅得到了积极的反馈，并且我们会在近几年内，在中国其他主要城市打造更多的引领潮流的安豪潮流设计展示厅。我们确信已创造了一个让人舒适并充满灵感的环境，也真心希望上海设计师们能从中找到快乐和放松的感觉，并与我们的产品亲密接触。我们的最大的使命便是让用户感到快乐，我们也将致力于呈现能够契合设计师偏好的产品。

ID 之前在香港就已有一家安豪潮流设计展厅，现在上海展厅也已开幕，两家的目标定位有何不同吗？

丹 上海和香港的生活习惯与居住方式有很大差异。普遍来说，香港的住宅面积都比较小，而许多有设计感的卫浴都需要尺度较大的空间才能得以体现，上海的豪宅和公共空间就有着比较大的空间尺度，而且我们也认为上海市场的消费力很强。

ID 你们的卖点是什么？

丹 我们相信，我们所呈现的产品和概念，在中国市场上独树一帜。在舒适宽敞的环境中，安豪潮流设计展示厅将实体的浴室套间直观地呈现给大家。设计师和用户可以随意观察并与产品亲密接触，直观地看到产品并体验到产品的实际使用情况。

ID 安豪潮流设计展厅与国内其他卫浴展厅有何不同吗？

丹 与传统的卫浴洁具店不同，安豪潮流设计展示厅内的概念和产品相辅相成，我们的每处展厅空间都是经过精心设计的，这样产品才会有比较好的氛围得以展现，而且我们的展品都会有一系列不同的主题。我希望无论是客户还是设计师在参观了我们的展厅后不仅是来看产品，还能为自己的设计带来灵感。

ID 你们的侧重点在设计师还是直接客户？

丹 我们的关注点是设计师。我们陈列的都是高端产品，而我们的目标消费群是高端住宅或者公建，这些空间一般都由专业设计师负责设计，我认为，这些空间的主导权在设计师手中。我们的展厅会不断地从欧洲带来最新的产品。随着卫浴洁具日渐成为家居重要组成部分，我们也将不断致力于将最新概念带到上海市场。

ID 欧洲高端的卫浴产品主要走两个路线，一是非常具有设计感的，二是以传统手工艺为主的经典系列，你们挑选产品的标准是什么？

丹 我认为设计感和手工并不冲突。传统手工艺也能很有设计感。我们在挑选产品时并不会以风格为准则，我们关注的是品质，我们展现给顾客的都是欧洲最好的最先进的一线的产品，我们展厅中的品牌大多都是并未进入中国市场的。目前有很多品牌也会有一些很有设计感的产品，但这些产品的品质并不是很好，这样的产品就不会在我们的选择范围之列。 **END**

双面生活：简约或奢华？
2008巴黎家居装饰博览会

撰　文　｜　徐明怡
资料提供　｜　MAISON & OBJET

家居装饰也需要随季节变装？那当然。巴黎时装周上的主导色调、设计风格就是当年流行服饰的风向标，巴黎家居装饰博览会亦是如此。在顶级设计师眼中，家居装饰与服装均为艺术，而艺术则是融会贯通的，他们借助服装、装饰语言等将设计文化精髓转化得透彻明晰，引领下一季家饰流行动向与趋势指标。

2008秋冬巴黎家居装饰博览会于9月5日至9日在位于巴黎北郊的维勒蓬特展览园擂鼓开演。设计师们在这一年两季的展会时涌向法国将传统与现代反复排列组合，培养自己的鉴赏力，而来自意大利与北欧的商家也为展会提供了许多新鲜而有趣的创意。

这是一场从各方面来说都够格的家居压轴大戏，不同人群都可以在眼花缭乱之际，捕捉到最新的风向指标。展会虽强调多元化风格的表达，但创新仍然是其核心价值所在。

作为欧洲三大著名博览会之一的巴黎家居装饰博览会最大的魅力是常变常新，及时展现国际装饰市场的最新动态。此次，Maison & Objet 市场及流行趋势研究室已经发表了"n°13号灵感手册"，主题就是"简单"。报告认为，这是放弃闪亮奢华的时候了，面对复杂、不确定、凌乱和四分五裂的世界，让我们回归生活的本质，为简朴而低调的物品留下一定的空间。感触天然材料，这才是生活在家中最惬意的方式。

"Now! design àvivre"展馆主要以来自世界各地，最具前卫设计概念的品牌为主。也是想要一展才华的新设计师参展的第一选择。综合了工业设计、建筑、工艺或是织品的创意，在上百位的设计师摊位上，随处都可感受到年轻设计师的企图心。这个展馆的负责人 Etienne Cochet 用一句"个性和创意展示就是今天的附加值"诠释了 Now! design àvivre 存在的意义。

单一或数个家居装饰已不能满足构筑个人空间的欲望，取而代之的是随心所欲的选择或混搭，或如场景般的夸张却富有个性，"scènes d'intérieur"正是一个表达自我的所在。该馆最初是为那些装饰爱好者和为满足法国"生活艺术"倡导者的自由表达的愿望而设立，它用今年20岁的生日证明了自己的成功。Noe Duchaufour Lawrance 主要负责该馆的20岁生日设计，他从施华洛世奇找到了理想的灯光布置效果，使用施华洛世奇水晶设计出一个别致的主题，使参观者在展馆的入口处就被大胆而诱人的设计所震撼。而水晶装饰的家居艺术品也均分散在各处。

户外生活目前正成为新兴的生活艺术，更多的人开始亲自设计花园、露台和阳台。房屋设计也开始注重室内外的融合，墙壁在隐退，空间透明度在提高。夏日里，人们更喜欢在户外停留，一切让空间充满趣味性、舒适性和具有设计感的户外家具都大受欢迎。豪华酒店和餐厅部分的设计都将此纳入预算。因此，新材料和新科技，著名设计师和大牌厂商最新的设计，都在此次的展会中得以呈现。除展出上乘的户外家具的设计和创意外，还有容器、照明器具、户外厨具以及不可或缺的户外家居设备的配件，如喷泉、靠垫、遮阳伞、纱帐，甚至包括茶室。

我们在展会上还可以看到，亚洲文化对国际家居界的影响越演越烈，设计师们将其作为灵感来源，同时亚洲新兴设计也为欧美主流设计市场注入新鲜血液。来自整个印度次大陆和印度的采购风潮，以及新锐的印度家居产品设计师的出现，给予 Maison & Objet 一个在博览会上邀请印度设计师展示的机会。

与简约一起展望 2009

随着地球资源越来越匮乏，城市生活压力的骤增，人们对美好家园的定义正逐步从奢华走向设计简约以及回归自然的基本价值观。"在全球经济一体化的大背景下，人们正在寻求一些具有当地特色的物品，同时，乡村正不断消失而城市的生活压力也不断增长，针对这些都市人群特征，设计师正试图将乡村生活带入家中，将自然带入城市中。"Maison & Objet 市场及流行趋势观察室的资深观察员 Elizabeth Leriche 说。在此次该观察室发布的灵感手册中，"简约"成为 2009 年家居时尚的关键词，观察家们认为这是放弃闪亮奢华、气氛和优雅的时候了，我们应回归生活的本质。土地和土特产正再次拥有价值。迷失根源的都市人欣赏的是城市和乡村之间的平衡。自然和技术将最终取代人在生态系统中的核心位置，为简朴而低调的物品留下一定的空间，而原木才是生活在家中最惬意的方式。

观察室通过三位策展人的不同角度来剖析了这一观点。Slow Tech 展区主要说明家居生活应再度呈现厚实感，人们应放慢脚步，享受高质量的生活。策展人 Francois Bernard 在一个电脑化的世界里创建了片刻的休息，柔软与流体技术再次受邀创建一种简化的人生哲学。这也是由上世纪设计师和工程师的工业审美激发的风格，厚重而舒缓的形状创造了坚实和令人放心的优雅；Metropuritans 展区代表了为生态生活整装的态度，策展人 Nelly Rodi 揭示了新的 Metropuritan 地下运动，这是一个极端简约的宣言。这些生态都市隐藏在优雅匮乏的外观之下，怀有一个近乎武装的修行和强大的野心。这些为健康的生活环境而斗争的勇士正筹备理想王国，在那里生存和节省将带有感性色彩；Farm Life 是一个以回归本源为宗旨的展区，Elizabeth Leriche 正在为新的农业文化准备土壤。农村生活的简单快乐正在振兴一种在当地生产和扎根的信念。在一个舞动的城市化时期，乡土气息风格正根深蒂固。人们正在发现农业世界的动物和有机美。有根的物体正在培植原材料的真实性和工艺的精湛性。

灵感来自大自然

"泛着金属色泽的产品、闪闪发光的晶体装饰、各种醒目颜色的顶级巴洛克风格产品等仍然占据主导市场地位，但用麦秸、谷物以及木质纹理创作的新鲜产品代表着自然以及简约的生活主题，这已成为未来不可忽视的主题。"Elizabeth Leriche 分析道，"绿色设计原本是设计领域中的禁区，但现在已随处可见。"

在此次展会中，我们可以发现许多产品都直接从大自然吸取灵感，比如鸟类图案以及一些鸟笼形状产品就是热点所在。一家专为城市公寓的

阳台提供产品的英国公司更是创意十足地直接设计了一个鸡舍进行销售。"现在的人们希望追求幸福的感觉，对他们来说，放慢速度才是他们想要的，他们希望得到安心的感觉。"时尚趋势专家 Francois Bernard 说，他还将摇椅称之为"今天的新扶手椅"。

植物也愈来愈多地介入了家庭，成为表达房间隔断或设计装饰的一部分，Bernard 说："因为人们希望从室外到室内都能呼吸到新鲜的气味。"这点在此次展会中表现得尤为突出。一家比利时公司将来自加拿大的黄松树谷仓拆卸后运到此次的巴黎展会，这些具有质感的木头看上去像个厚木架，公司负责人 Philippe Auboyneau

解释道："当人们想保护植物，回收的物品就会非常畅销。"

这不仅仅是个个案，相似的情况在展会上还有许多。比如来自中国的木质家具也来到了此次展会，这些家具通常看上去非常厚实，甚至是一些非常古老的款式，但在此次展会中却非常流行，尤其是那些来自乡村的桌椅板凳。

"这并不是为农村生活而购置物品的买家们在追逐，"一口气买了数十件这种中国农村风格家具的买家 Thierry Grundman 说，"我购买这些家具是为了布置我的公司，我觉得这才是自然的木头，这才是简约的设计，你可以从这些没有经过精心修饰的榆木产品中窥视出生命。"

"简约" 蹒跚前行

　　家居风格其实就是一个造型、色彩和材料在同一种规则下的一种组合，但如今，它却已经不再是一个物质层面的话题了，而是有其他很多层面，是一个社会生活的综合表现。我们现在很时髦的说生活方式，这其实就能很好地理解风格。风格不仅仅是造型上的问题，它很大程度上也反映了一种文化，它是基于对人性格分析基础上诞生的。但是风格不会一成不变，而是像文化一样，不断地引进、变化，这就是流行趋势。

　　今年9月，瑞典商业调查分析家 Sofia Ulver-Sneistrup 在对美国、瑞典和土耳其三个国家进行调查分析研究后，于今年9月发表报告指出，在这三个国家中，中产阶级是世界上最大的群体，而且该群体正不断增长，该群体的居家生活风格与社会地位是一致的。她说："'真实性'、'独立性'和'简约性'这三个单词已经成为该群体最佳表述的词汇。"

　　虽然如此，但是巨大的沙发、具有多种金属片装饰的扶手椅、粘贴在墙壁上的各种瓷砖、繁复花纹的窗帘、巨大形状的花瓶仍然在展会上随处可见。Bernard 说："将家作为一个剧院来布置还是许多人想要的，所以大肆进行装饰的倾向还是十分严重。"

　　"不过很多年轻设计师正在寻找别样的发展道路，他们对简约的生活方式进行了不同的解读。"Bernard 还分析道，"不过，我认为人们总是会对那些繁复的设计感到厌倦，总是会希望有新鲜的东西出现，所以，现在人们开始关注植物，新兴的户外家具展区的火爆就足以证明这点，人们越来越喜欢亲近大自然。"

　　"欧洲经济的持续衰退也是不争的事实，所以，人们在布置空间时的预算也在不断减少，所以许多消费者不得不选择相对简约的设计。"他还补充道，"简约的风格虽然进行得非常缓慢，但这是真实的未来所在，而不仅仅是一个好看的装置而已。"

巴黎家居装饰博览会

　　巴黎家居装饰博览会一年两届，已有10余年历史。从2008年开始，每年1月召开的Meuble Paris巴黎国际家具博览会与Maison & Objet巴黎家居装饰博览会相辅相成，把家居生活所需的互为补充的两大系列产品汇聚在同一展示舞台。

　　2008年9月5日~9日，在巴黎北郊维勒蓬特展览园将上演最新的Maison & Objet巴黎家居装饰博览会，Maison & Objet I Projets I 公共工程装饰与修缮展，Maison & Objet outdoor_indoor 户外家居展，Scènes D'intérieur 室内设计展，Now! design à vivre 前沿生活设计展以及maison&objet Musées 文化物品和礼品展。 END

南非旅游局启动"画里画外游南非"

日前，南非旅游局正式启动"画里画外游南非"系列活动，旨在通过摄影师的镜头，为中国旅游爱好者呈现一个完整的七彩国度，领略完全不同的异国风情。该活动从 2008 年 9 月中旬开始，将持续近 6 个月的时间，到 2009 年 3 月结束。系列活动分为：网络图释竞赛、明星游南非、媒体巡展、摄影师前往南非进行主题拍摄、网络图片巡展、四城市图片巡展、图释竞赛优胜者评选及前往南非参观等不同主题的阶段。

作为"画里画外游南非"重头戏之一的明星游南非和专业摄影师前往南非进行主题拍摄，也在 2008 年 9 月底和 10 月中旬正式启航。奥运跳水冠军田亮和 10 位业界知名摄影师分别前往南非参观，用镜头记录下他们的所见所闻。而摄影师们将在回国之后，把旅程中拍摄及体验南非各方各面的图片，统统上传至南非旅游局中文官方网站，将他们对南非的理解分享给各界朋友。他们的部分佳作还将于 2009 年初在北京、上海、广州、香港进行巡回展出。

"意大利伯瓦西贵族沙龙"在沪正式开幕

意大利 PROVASI 伯瓦西家具素被喻为家具中的劳斯莱斯，专为世界各地的名人政要及富豪们提供量身订制服务，从家具到窗帘到配饰，期望呈现出整体欧洲贵族生活的艺术风华。今日的中国奢侈品市场快速成长，PROVASI 也在上海成立了"伯瓦西贵族沙龙"，期望为国内高端消费的富豪们及豪宅室内设计师提供全方位服务和顶级品牌尖端讯息。此次意大利 PROVASI 总裁 Mr. Roberto Provasi 特来沪为"伯瓦西贵族沙龙"揭开序幕。PROVASI 皇室家具从 18 世纪开始创立至今，专注于 18、19 世纪的新古典风格和帝政风格，其传承了古典宫廷家具的手工技艺，制造的环节皆由手工按照指定的规格来制作。至今仍使用天然的蜂蜡上色，经过十四道手工上腊的步骤，以呈现完美高贵光泽。每一件家具皆需要 12~25 位工匠来共同完成，所花费的时间周期要在 60~120 天左右，所以每件 PROVASI 都是独一无二，不可复制，因此被誉为"现代的古典艺术品，未来的古董收藏品。在全世界重要地点都可以见到 PROVASI 的踪影，数次获得殊荣，现任的意大利行政首长，罗马教皇以及银行集团总裁的办公室，甚至欧洲、北美或远东地区的五星级旅馆，重要王室政治的官邸皆可看见 PROVASI 的家具。

《中国的当代空间表情》

2008 年荷兰设计周于 10 月 18 日至 10 月 26 日在埃因霍温举行。来自世界各地的 1500 名设计师在分布于市内的 50 个地点展示他们在产品设计、纺织及时装、平面设计、空间设计以及设计管理及趋势上的作品。此次，中国设计师第一次获邀参与该盛事，参展的 14 位中国设计师来自中国的各个城市，其主题为"中国的当代空间表情"。大陆馆选用中国古老的益智玩具"孔明锁"为设计元素，以此表达对中国传统结构的尊敬及对现代形式演绎。木质材料构件化的搭建模式，结合 100% 亚麻环保地材的使用，为代表中国智慧的"老玩具"注入新的设计灵魂。展厅以黑白为主调，黑色地面与白色构件的对比干净纯粹，具有强烈的视觉冲击，同时也暗喻中国的阴阳太极。展厅以中间展台上 1m 多高的孔明锁构件模型为中心，12 位参展设计师的简介和作品以图片及实物的形式穿插其中，各自展示着当代中国设计的不同层面。

CIID2008 郑州年会暨国际学术交流会

2008 年 10 月 21 日，中国建筑学会室内设计分会（CIID）2008 郑州年会暨亚洲室内设计学会联合会（AIDIA）第五届年会在河南郑州国际会展中心拉开序幕。本次室内设计界的盛会以"空间·中"为主题，数千人参与了本次盛会。11 月 22 日至 24 日期间，国内外大师级设计师、学会理事以及来自全国各地的优秀室内设计师汇聚一堂，进行学术交流，共同探讨中国室内设计行业未来发展的方向。

原建设部副部长、中国建筑学会理事长宋春华在开幕致词中指出，中国建筑学会室内设计分会是一个充满活力的分会，多年来对繁荣室内设计交流创作经验提高设计水平起到了积极的作用，影响力逐步在扩大。新型的室内设计必须以科学发展观为指导，提高行业能力建设，特别是创新能力的增强。不但要在大型公共室内建筑上不断创新，还要关注建设量最大的住宅的室内设计及装饰装修。建设部已经提出要求，要逐步扩大提供全装修的精品商品房的供应。室内设计师在这方面大有作为，希望大家互相学习，共同提高为繁荣中国室内设计行业作出新的更多的贡献。

本次年会通过主会场论坛和分会场论坛的方式贯穿全程。来自韩国的 Jeonghan Yoo、来自日本的 Toshihiko Suzuki、迫庆一郎，来自意大利的 ARCHEA 设计事务所、Samuele Martelli，来自澳大利亚的 Medeline Lester 等海外知名设计师在主会场论坛上作了精彩演讲和展示。在"想说就说"——室内设计师的品牌价值、海峡两岸四地设计师沙龙、绿色设计、材料与技术四个分会场论坛上，现场气氛极其热烈，名家新秀畅所欲言，与会者都感到取得了很大的启迪与收获。

2008 年上海国际工业设计论坛

11 月 5 日，主题为"创意设计与创新型城市建设——建设中国设计之都"的"2008 年上海国际工业设计论坛"在上海新国际博览中心及上海张江创星园设计孵化基地举行。上海市浦东新区副区长张恩迪到场参加并致欢迎词。为倡导设计创新理念，弘扬设计创新精神，更快更好的发展设计产业，实现上海建设中国设计之都的目标，本次论坛本着"推动创意设计产业发展，促进设计孵化器建设，为设计行业政府管理官员、工业设计专业、教育和管理人士提供一个与国内外设计名家及业界精英学习、对话和交流的平台"为宗旨。

2009 巴黎家居装饰博览会

一年两次的 MAISON & OBJET 巴黎家居装饰博览会将于 2009 年 1 月 23~27 日期间再度与您在巴黎北郊维勒蓬特展览园见面。同时第二届 MEUBLE PARIS 巴黎国际家具博览会也将从 2009 年 1 月 22 日开始至 26 日在巴黎 Le Bourget 展览园再度上演。MEUBLE PARIS 巴黎国际家具博览会和 MAISON & OBJET 巴黎家居装饰博览会共同作用，形成相辅相成的完美结合，为家具和家居装饰提供最佳全景。

展会分为 MAISON & OBJET musées 文化物品和礼品展、scènes d'intérieur 室内设计展、now! design à vivre 前沿生活设计展、MAISON & OBJET I projets I 公共工程装饰与修缮展、MAISON & OBJET éditeurs- 家纺用品展和 MAISON & OBJET I projets I 公共工程装饰与修缮展。MAISON & OBJET I projets I 将于明年第一次搬上 1 月的展示舞台，这个致力于内部建筑解决方案的专业展是制造商和建筑装饰领域的人士聚会和广泛交流业内经验的平台。

上海将开展改革开放 30 年城市建设优秀成果评选

改革开放 30 年来，作为城市建设的先行者，上海在城市建设方面取得了辉煌的成果。为回顾 30 年来上海城市建设发展的历程，弘扬上海城市建设所取得的巨大成就，展望未来建设上海国际化大都市的美好远景，"改革开放 30 年上海城市建设优秀成果评选"活动日前已正式拉开帷幕。

本次评选重点选取能够充分体现改革开放 30 年以来上海城市建设发展特色和时代特征，具有创新精神和科技含量；在上海城市建设发展和社会生活中发挥了重要作用，有较高的社会影响和知名度，深受广大市民喜爱；重视形式与内容的统一，达到功能合理和质量保证；与城市和自然环境协调，符合可持续发展原则的项目。自 1978 年 7 月到 2008 年 6 月，在上海市地域内已建成、通过竣工验收、在本领域具有代表性的各类建设成果，不分投资、开发、建设、设计、施工、管理的不同情况，均可申报参加评选。此次评选特设"市民最喜爱的上海城市建设成果奖"，初步评选结果将通过新闻媒体向社会公布，征集广大市民的推荐意见，充分体现了本次评选以人为本、贴近市民的特色。

Steelcase 新品上市

近日，Steelcase 推出系列新产品：Cascade 座椅，Four point eight 会议桌系统解决方案和 FrameOne 办公桌系统解决方案为人们营造了更舒适的办公空间。Cascade 是根据 Steelcase 对人们工作模式、人体工学的深入研究设计而成，能为使用者提供超凡的舒适感和支持。色彩缤纷的纤维底座，内藏优质柔软的塑料，独特的微凹设计，舒适感超乎想象。加上可随意调节的腰椎装置，为下背部提供足够和贴身的支持。

FrameOne 致力追求"简约就是美"的理念，创造出一系列优雅时尚的长椅、书桌和工作桌，以优化生产力，同时提升资源的有效利用。Four point eight 会议桌优雅的设计是为了解决传统会议桌无法解决的问题，其轻巧的开放式铝架设计，给脚部最大的舒展空间，同时所有的电源和数据线都被收进了会议桌中央的路径，这样人们不会再被恼人的电线所困扰，可以更轻松和悠游自在地工作。

春在中国之《新境·心静》

春在中国于近日在其位于上海放鹤路园林会所内举行了主题为《新境·心静》的 2009 新品发布会。同时推出"咏竹"与"赞直"两大系列。整个发布活动生动而别出心裁，无论是布局合宜的家居布置，还是家具制造的工序演示，都让人身临其境。"新境·心静"倡导的是在动与静之间，发现令人感动的平衡美学，所完成的作品，线条简单，层次却很丰富。"咏竹"是对中国文人生活的一种景仰。竹的气节、挺拔成就了中国文人"宁可食无肉，不可居无竹"的审美理念，"春在中国"从传统的精神中提炼出竹的形象，选取经风历雨的陈年竹材，结合具有质感的高档木材，将视觉与触觉和谐统一。"赞直"，直，给人稳定的感觉，它是东方神韵的外化，"春在中国"取法传统家具器物稳固的梯形，将直演绎得很美。赞叹直的美，却不囿于直，将梯形的线条延伸，强调直线背后所蕴含的细节——直线的琴弦能弹奏出流转的旋律，直线的排列能完成曲面的构成，是为非直。所有这些平衡完美的劲道演出，将缤纷开阔的生活归结为"境"与"静"。

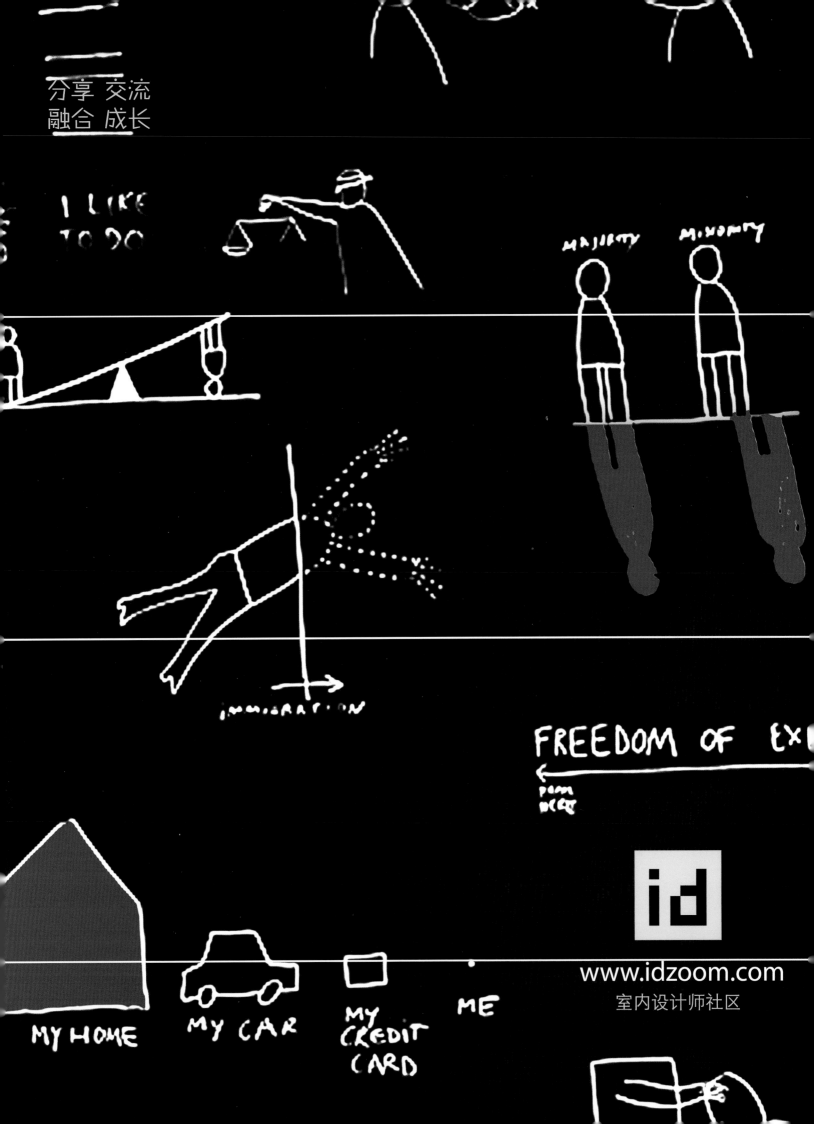

林学明　吴宗敏

崔华峰

杨岩　陈向京

潘向东

蔡文齐邵菱

陶郅梁永标

曹海涛

冼剑雄

刘红蕾　张星

丁力学

曾芷君

范建卫

琚宾李少云

曾秋荣

麦德斌　丛宁

陈品豪

李敏堃曾建龙

贺钱威　肖可可

吕氏国际

金羊奖-2008年度中国十大室内设计师评选活动
CHINA TOP 10 INTERIOR DESIGNER AWARDS 2008(JINYANG PRIZE)

主办： GUANGZHOU DESIGN WEEK 广州国际设计周 2008　　羊城晚报　　全程合作伙伴：KITO KITO CERAMICS 金意陶·陶瓷　　详情请登陆设计周官方网址 www.designweek.cn

中国室内设计人才网

中国首个室内设计行业专业人才招聘网

http://www.idhr.com.cn
email: idhr@lagoo.com.cn
msn: lagooedit@hotmail.com
tel: 021-51086176
fax: 021-68547449

2009年在我社直接订阅全年刊，享受8.5折优惠。

40元/期，全年订阅**240**元

订阅方式	汇款订阅	《di·设计新潮》40元/期，全年订阅240元，请直接汇款到刊社或到当地邮局订阅全年杂志。
		1、邮局汇款 收款地址：上海市中山西路1800号30楼 邮政编码：200235 （请在汇款单附言栏处注明订阅起止期数和联系电话） 2、银行转账 单位名称：设计新潮杂志社 开 户 行：交通银行上海分行宜山路支行 帐　　号：310066218018001571195 备　　注：请将银行回执、订阅起止期数和通讯地址、姓名、电话资料传真到 　　　　　021-64400850,以便我们及时邮寄杂志给您。
	邮局订阅：（邮发代号：4-441）请直接到所在地邮局营业厅办理，或拨打11185，要求邮局工作人员上门收订。	
	网上订阅：http://www.tianhua-ad.com	
特别优惠	特别优惠:1、在我社直接订阅全年刊，享受8.5折优惠，共计204元（如需挂号，另加48元全年） 　　　　　2、更多订阅优惠及惊喜赠品，请登录网站详览 　　　　　3、上海地区上门收订	
联系我们	电话联系：021-64400372/0374/0379转发行部 电子邮件：2003BY@a-d-cn.com 刊社网站：http://www.tianhua-ad.com	

16th CHINA INTERNATIONAL BUILDING DECORATIONS & BUILDING MATERIALS EXPO.

► 2009年移师新国展 展位规模创新高

第十六届中国(北京)国际建筑装饰及材料博览会

主办单位 ★
中国国际贸易促进委员会
中国建筑装饰协会
中国国际展览中心集团公司
承办单位 ★
北京中装华港建筑科技展览有限公司
筹展联络 ★
北京中装华港建筑科技展览有限公司
电话：010-84600901/0906/0903
传真：010-84600910
Http：www.build-decor.com
广州办事处 ★
电话：020-34318225
传真：020-34318227

时间：2009年3月4-7日
地点：北京·中国国际展览中心新馆

Dates: Mar.4th-7th, 2009
Venue: China International Exhibition
Center (New Venue).BeiJing

规模增至·**80000**平方米
展位增至·**5000**个
预计观众·**100000**人次

◉ 木门
◉ 玻璃纤维
◉ 橱柜壁柜隔断
◉ 墙体材料
◉ 车库门
◉ 墙纸布艺
◉ 建筑门窗
◉ 厨卫及建筑陶瓷
◉ 建筑石材
◉ 建筑装饰五金
◉ 自动门
◉ 综合建材展区
◉ 涂料油漆

倾情为您打造的国际国内行业精英与设计明星的"奥斯卡"颁奖晚宴

中国室内设计周

中国室内装饰协会二十周年暨中国国际室内设计双年展颁奖晚宴

12月11日在北京富力万丽RENAISSANCE酒店隆重举行

17：30——21：30

RED RUG　走红地毯

COCKTAIL　鸡尾酒会

AWARDING　隆重颁奖

DINNER　晚　宴

出席人员：900名

有关部门领导及相关协会领导人

中国国际著名设计师

社会名流、明星及高端商家

著名媒体人员

请着晚礼服凭请柬出席

晚宴免费　其他差旅住宿费用自理　请于10月30日前向中国室内设计周组委会预订酒店

晚宴组委会联系人：刘小松　王伟　电话：010-62023506　82081889　传真：010-62023506转1805

E-mail：csp200612@126.com　详情登录http://www.adcc.org.cn